L'ART

DE CONNAITRE LES HOMMES

PAR

LA PHYSIONOMIE.

T. II.

DE L'IMPRIMERIE DE L.-T. CELLOT.

L'ART

DE CONNAITRE LES HOMMES

PAR

LA PHYSIONOMIE,

PAR GASPARD LAVATER.

Nouvelle édition, corrigée et disposée dans un ordre plus méthodique ; précédée d'une Notice historique sur l'Auteur ; augmentée d'une Exposition des recherches ou des opinions de La Chambre, de Porta, de Camper, de Gall, sur la physionomie ; d'une Histoire anatomique et physiologique de la face, etc.; par M. MOREAU (de la Sarthe), Professeur à la Faculté de médecine de Paris ;

Ornée de plus de 600 gravures, dont 82 coloriées et exécutées sous l'inspection de M. VINCENT, peintre, membre de l'Institut.

33.

PARIS,

DÉPÉLAFOL, Libraire, rue des Grands-Augustins, N° 21.

1820.

L'ART

DE CONNAITRE LES HOMMES

PAR

LA PHYSIONOMIE.

PRINCIPES DE PHYSIOGNOMONIE.

PREMIÈRE PARTIE.

DE L'EXPRESSION PARTICULIÈRE et de la physionomie du crâne ; de l'ensemble de la tête, du front, des yeux et des autres parties du visage ; des mains et des pieds ; de l'attitude et des gestes, de l'écriture, de la voix et de la manière de parler.

I.

VUES PRÉLIMINAIRES SUR L'HOMOGÉNÉITÉ DU CORPS HUMAIN.

DANS toutes les organisations, la nature opère du dedans au dehors ; chaque circonférence aboutit à un centre commun ; la même force vitale qui fait battre le cœur, meut aussi le bout des doigts. Une même force a voûté le crâne et l'ongle de l'orteil. L'art ne fait qu'apparier, et en cela il diffère de la nature. Celle-ci forme un tout d'une seule pièce et d'un même jet. Le dos se lie à la tête, l'épaule produit le bras ; du bras naît la main, et la main à son tour est l'origine des doigts. Par-tout la souche monte en tige, la tige pousse les branches, les branches portent les fleurs et les fruits ; une partie tient à l'autre comme à sa racine. Elles sont toutes de la même nature, toutes homogènes. Malgré tous ses rapports, le fruit de la branche A ne saurait être cependant celui de la branche B, et bien moins le fruit d'un autre arbre. Il est l'effet déterminé d'une force donnée, et c'est ainsi qu'en agit toujours la nature. Par cette même raison, le doigt d'un homme ne saurait s'ajuster exactement à la main d'un autre homme. Chaque partie d'un tout organique est semblable à l'ensemble, et en porte le caractère. Le sang qui coule dans l'extrémité des doigts a le caractère du sang qui circule dans les veines du cœur. Il en est ainsi des nerfs et des os ; tout est animé d'un même esprit, et comme chaque partie du corps se trouve en rapport avec le corps auquel elle appartient, la mesure d'un seul membre, d'une seule petite jointure du doigt, peut servir de règle pour trouver et pour déterminer les proportions de l'ensemble, la longueur et la largeur du corps dans toute son étendue. La forme de chaque partie séparée sert à indiquer la forme de l'ensemble. Tout devient ovale si la tête est ovale ; si elle est ronde, tout s'arrondit ; tout est carré si elle est carrée : il n'y a qu'une forme commune, un esprit commun, une racine commune. C'est ce qui fait que chaque corps organique compose un tout dont on ne peut rien retrancher, et auquel on ne peut rien ajouter sans que l'harmonie soit troublée, sans qu'il résulte du désordre ou de la difformité. Tout ce qui tient à l'homme dérive d'une même source. Tout est homogène en lui : la forme, la stature, la couleur, les cheveux, la peau, les veines, les nerfs, les os, la voix, la démarche, les manières, le style, les passions, l'amour et la haine. Il est toujours un, toujours le même. Il a sa sphère d'activité dans laquelle se meuvent ses facultés et ses sensations. Il peut agir librement dans cette sphère, mais il ne saurait en franchir les limites. Je conviens cependant que chaque visage change, et ne fût-ce qu'imperceptiblement, d'un moment à l'autre, jusque dans ses parties solides ; mais ces changemens sont encore analogues au visage même, analogues à la mesure de *mutabilité* et au caractère propre qui lui sont assignés. Il ne peut changer qu'à sa manière ; et tel mouvement affecté, emprunté, imité ou hétérogène, conserve encore son individualité, qui, déterminé par la nature de l'ensemble, n'appartient qu'à cet être-ci, et ne serait plus le même dans un être différent.

Je rougis presque pour mon siècle d'être obligé de m'arrêter à des vérités aussi palpables. Que dira la postérité, quand elle verra qu'il m'en a tant coûté de prouver cette proposition si évidente, et cependant si souvent repoussée par ceux qui se disent philosophes : *La nature ne s'amuse pas à apparier des parties détachées, elle compose d'un seul jet ; ses organisations ne sont pas des pièces de rapport ?* Ses plans sont d'un même moment. C'est toujours la même idée qui domine ; le même esprit s'y fait sentir jusque dans les plus petits détails ; il s'é-

tend à tout le système, et en parcourt toutes les branches. La nature ne travaille point autrement ; c'est sur
ce principe qu'elle forme la moindre des plantes comme
le plus sublime des hommes. Un ouvrage qui ressemble
à une mosaïque, et dont toutes les parties ne dérivent
pas d'une tige commune, qui porte la séve jusque dans
les rameaux les plus éloignés, n'est l'ouvrage ni du sentiment, ni de la nature. Vous ne trouverez de l'énergie,
de la vérité, du naturel, que dans celui dont les développemens naissent du fond même du sujet ; lui seul
pourra produire des effets admirables, universels, per-
manens. Toutes mes recherches physiognomoniques
seront inutiles, et j'aurai perdu ma peine, si je ne par-
viens point à détruire un préjugé absurde, indigne de
notre siècle, et non moins contraire à la saine philosophie qu'à l'expérience, ce préjugé, *que la nature rassemble de différens côtés les parties d'un même visage.*
Mais aussi je me croirai bien récompensé de mon travail, si je réussis à prouver une fois pour toutes l'homogénéité, l'harmonie, l'uniformité de l'organisation
de notre structure ; si je réussis à démontrer cette vérité
avec une évidence à laquelle il ne sera plus permis de
se refuser.

Le corps humain peut être envisagé comme une
plante, dont chaque partie conserve le caractère de la
tige. Je ne saurais assez répéter cette proposition si
évidente, parce qu'elle est attaquée indifféremment de
tous côtés, parce qu'on l'insulte sans cesse en paroles
et en effets, parce qu'elle est outragée sans cesse par
les auteurs et les artistes.

Les plus grands maîtres m'offrent à cet égard les fautes les plus choquantes. Je n'en connais pas un seul qui ait étudié à fond l'harmonie des contours du genre humain ; pas même le Poussin, pas même Raphaël. Classifiez dans leurs tableaux les formes du visage ; opposez-y des formes analogues prises dans la nature, c'est-à-dire, dessinez, par exemple, leurs contours de fronts ; cherchez-en de pareils dans la nature, et comparez ensuite les progressions des uns et des autres, vous trouverez des dissemblances qu'on n'aurait guère attendu des premiers maîtres de l'art.

Si j'excepte l'alongement et la tension des figures, et sur-tout des figures d'hommes, j'assignerais peut-être à Chodowiecki le plus de sentiment pour l'homogénéité ; mais ce n'est que dans les caricatures, c'est-à-dire qu'il réussit à exprimer la cohérence des parties et des traits dans les sujets grimacés, dans les caractères chargés ou burlesques. Car, de même qu'il y a une homogénéité pour la beauté, il y en a une aussi pour la laideur. Chaque figure hétéroclite a une espèce d'irrégularité qui lui est particulière, et qui s'étend à toutes les parties de son corps ; de même que les bonnes actions d'un homme de bien et les mauvaises actions d'un méchant conservent toujours le caractère de l'original, ou se ressentent du moins de ce caractère. La plupart des poètes et des peintres ne font pas assez d'attention à cette vérité, qui peut être cependant d'un si grand usage dans la pratique des beaux-arts. Notre admiration cesse dès que nous apercevons dans un sujet des pièces rapportées. Pourquoi ne s'est-on jamais avisé encore d'associer dans un même visage des yeux de couleur différente? Cette disparate ne serait pas plus ridicule que celle de rapporter le nez d'une Vénus à un visage de la Vierge ; bizarrerie qui se voit tous les jours, et qui n'en révolte pas moins l'œil observateur du physionomiste. Un homme du monde m'a assuré que, dans un bal masqué, un simple nez de carton l'avait rendu méconnaissable aux plus intimes de ses amis; tant il est vrai que la nature répugne à tout ce qui lui est étranger.

Pour mieux éclaircir le fait, prenez, si vous voulez, mille silhouettes exactement dessinées. Commencez par classifier seulement les fronts (nous montrerons en temps et lieu que, d'après quelques signes exactement déterminés, tous les fronts réels et possibles peuvent être rapportés à de certaines classes, dont le nombre ne s'étend point à l'infini); commencez, dis-je, par classifier séparément le front, le nez, le menton; rassemblez ensuite les signes d'une même classe, et vous trouverez à coup sûr que telle forme de nez ne supporte jamais un front de telle autre forme hétérogène, que telle espèce de front s'associe toujours à tel nez d'une espèce analogue. Cet examen pourrait s'étendre également aux autres parties du visage ; et elles le soutiendraient, si les parties mobiles avaient plus de stabilité, si elles étaient moins sujettes à contracter des airs empruntés qui ne sont pas l'effet de la forme primitive, de la force productrice de la nature, mais celui du déguisement ou de la gêne. Les exemples que je rassemblerai dans quelques planches particulières acheveront de confirmer ces principes. Bornons-nous pour le moment à rapporter le simple résultat de nos recherches.

Parmi cent fronts qui paraissent arrondis dans le profil, je n'en ai pas encore trouvé un seul qui présentât un nez aquilin proprement dit. Sur le même nombre de fronts carrés, ou qui approchent de cette forme, je ne m'en rappelle pas un seul dont les progressions ne soient pas marquées par des cavités profondes. Quand le front est perpendiculaire, jamais le bas du visage n'offre des parties fortement courbées en cercle, à moins que ce ne soit le dessous du menton.

Lorsque la forme du visage est perpendiculaire et soutenue par des os très-serrés, elle n'admet jamais de sourcils fortement arqués.

Si le front est avancé, la lèvre d'en bas déborde pour l'ordinaire; seulement cette règle n'est point applicable aux enfans.

Des fronts légèrement courbés, et cependant fort couchés en arrière, ne sauraient souffrir un petit nez retroussé dont le contour présente en profil une excavation marquée.

La proximité du nez à l'œil décide toujours de l'éloignement de la bouche.

Plus il y aura d'intervalle entre le nez et la bouche, plus aussi la lèvre d'en haut sera petite. Une forme ovale du visage suppose presque toujours des lèvres charnues et bien dessinées.

D'autres observations que j'ai recueillies dans le même genre, ont encore besoin d'être confirmées par l'expérience; mais en voici une qui frappera par son évidence.

et qui prouvera à tout esprit capable de sentir et de saisir les vérités de la physiognomonie, combien la nature est simple et harmonique dans ses opérations, combien elle répugne aux ouvrages de rapport.

Prenez les silhouettes de quatre personnes reconnues pour judicieuses ; tirez de chacune une partie séparée ; et de ces sections détachées vous composerez un tout si bien lié, que rien n'y annonce vos rapports. Vous grefferez le front de la première silhouette sur le nez de la seconde, puis vous y ajouterez la bouche de la troisième et le menton de la quatrième ; et le résultat de ces différens signes de sagesse deviendra l'image de la folie, car, dans le fond, toute folie n'est peut-être qu'une disconvenance hétérogène. «Mais, dira-t-on, ces quatre » visages ne sauraient être hétérogènes, s'ils appartien-» nent tous à des hommes sensés. » Soit ; qu'ils l'aient été ou non, le rapprochement de leurs traits décomposés n'en produira pas moins une impression de folie.

Ceux-là donc qui soutiennent qu'il est impossible de juger de l'ensemble du profil par une seule de ses parties, par une simple section détachée ; ceux-là, dis-je, seraient fondés dans leur assertion, si la nature, semblable à l'art, se contentait d'apparier ses ouvrages. Mais les compositions de l'art sont arbitraires, au lieu que la nature agit toujours d'après des lois permanentes. S'il arrive qu'un homme de bon sens tombe en démence, cette révolution est annoncée aussitôt par des signes hétérogènes. Le bas du visage s'alonge, les yeux prennent une direction contraire à celle du front, la bouche ne peut rester fermée, ou bien les traits subissent quelque autre dérangement qui les fait sortir de leur équilibre. Toutefois ce sera par un défaut d'harmonie, par la disconvenance des traits du visage, que se manifestera la démence accidentelle d'un homme naturellement judicieux. Si on nous le donne à juger seulement d'après le front, il faudra se borner à dire : telle était la capacité naturelle de cet homme avant que son visage fût altéré par des causes extraordinaires. Mais, si on nous montre le visage dans son ensemble, il ne sera pas difficile de déterminer le caractère fondamental, et de distinguer ce que cet homme était jadis, de ce qu'il est actuellement.

Pour étudier la physiognomonie, il faut commencer par étudier la convenance des parties constituantes du visage. Sans cette connaissance préliminaire, on perdrait toutes ses peines (1).

On ne réussira point dans la physiognomonie, on ne possédera jamais le véritable esprit de cette science, si l'on n'est pas doué d'une espèce d'instinct pour apercevoir l'homogénéité et l'harmonie de la nature ; si l'on n'a pas ce tact juste, qui saisit au premier coup-d'œil chaque partie hétérogène, c'est-à-dire, tout ce qui dans un sujet n'est que l'ouvrage de l'art ou l'effet de la gêne.

---

(1) LAVATER, qui fait cette remarque, avait cependant placé ces réflexions dans le second volume de ses fragmens : il voulait donc, dans l'étude de la physionomie, un ordre qu'il n'avait pas eu le temps de chercher, et que nous avons établi , autant qu'il nous a été possible, d'après ses vues et ses intentions sur la propagation de la science , dont on lui doit les matériaux. *Note des éditeurs.*

Loin du sanctuaire de cette divine science tous ceux qui, dépourvus du sentiment dont nous parlons, osent révoquer en doute la simplicité et l'harmonie de la nature; tous ceux qui, regardant un corps organisé comme un ouvrage de marqueterie, se représentent la nature semblable à un compositeur d'imprimerie, qui choisit ses caractères dans différentes casses! La peau même du moindre des insectes n'a pas été tissue de cette manière; combien moins le chef-d'œuvre de toutes les organisations, le corps de l'homme! Celui qui ose douter de la progression immédiate, de la continuité, de la simplicité des productions organiques de la nature, n'est pas fait pour sentir ses beautés, ni par conséquent pour apprécier celles de l'art, qui imite la nature. Je demande pardon à mes lecteurs si je parle avec chaleur; mais ce que je dis est de la plus grande importance, et mon sujet m'entraîne. La connaissance de l'homogénéité de la nature en général, et de la forme humaine en particulier; le sentiment prompt qui nous fait juger aussitôt de l'une et de l'autre comme par instinct, nous donnent la clef de toutes les vérités. Au contraire, n'a-t-on pas cette connaissance, est-on privé de ce sentiment, on n'a que de fausses idées des choses. C'est à l'ignorance et au manque de tact qu'il faut attribuer tant de bizarreries et de travers que l'on remarque dans les ouvrages de l'art, dans les productions de l'esprit, dans nos actions et dans nos jugemens. De là le scepticisme, l'incrédulité, l'irréligion de notre siècle. Celui qui admet l'homogénéité de la nature et qui en a le sentiment, peut-il être incrédule? peut-il refuser de croire en Dieu et en Jésus-Christ? peut-il ne pas reconnaître le plus parfait accord, la plus divine harmonie, un même esprit d'unité et de simplicité dans la nature et dans la révélation, dans la conduite de Jésus-Christ et celle de ses apôtres, de même que dans les préceptes qu'ils nous ont laissés? Où trouve-t-il l'apparence, que dis-je, la possibilité d'une incohérence?

Appliquons ce principe à la physionomie de l'homme. Celle-ci ne sera plus un problème, si l'on est intimement convaincu de l'homogénéité de la force humaine, si l'on parvient à l'apercevoir du premier coup-d'œil, si on la sent assez pour rapporter, au défaut de ce caractère, la distance infinie qui sépare les ouvrages de l'art des œuvres de la nature.

Ayez ce sentiment, cet instinct ou ce tact, comme vous voudrez l'appeler, et vous n'accorderez à chaque physionomie que la juste mesure de facultés dont elle est susceptible, et vous agirez sur chaque individu selon sa portée, et vous ne serez jamais tenté de prêter à un caractère des qualités hétérogènes qui ne sauraient lui appartenir. Fidèle aux règles de la nature, vous travaillerez d'après elle ; vous n'exigerez qu'autant qu'elle a donné, vous ne refuserez que ce qu'elle a refusé. Il vous sera aisé de distinguer dans votre épouse, dans vos enfans, dans votre élève, dans votre ami, chaque trait qui lui convient en vertu de l'organisation de la nature. C'est en agissant avec prudence sur ce fond primordial, c'est en dirigeant les facultés capitales encore subsistantes, que vous rendrez aux penchans du cœur et aux traits de la physionomie leur premier équilibre.

En général, vous regarderez chaque *transgression*, chaque vice, comme un dérangement de cette harmonie. Vous conviendrez que tout écart produit sur la forme extérieure des altérations qui ne sauraient échapper à des yeux clairvoyans ; vous conviendrez que le vice enlaidit et dégrade l'homme, créé à l'image de Dieu. Si le physionomiste est pénétré de ces sentimens et de ces idées, qui jugera mieux que lui des actions de l'homme et des œuvres de l'art ? le soupçonnera-t-on d'être injuste ? ses décisions ne seront-elles pas fondées sur des preuves irrésistibles.

Pour guider avec d'autant plus de sûreté le jugement de nos lecteurs dans l'application des principes que nous venons d'établir, nous allons leur offrir une suite de portraits. Ce seront des exemples qui justifieront les règles, et qui indiqueront en même temps les écarts.

Pl. 34

1

2

1. Voici d'abord une tête où le nez et la bouche se trouvent dans la plus parfaite harmonie. Le front est presque trop bien pour le bas du visage. L'œil tient un juste milieu dans l'ensemble, et cet ensemble promet un caractère honnête, incapable de méchanceté. Il n'est pas fort sensible, mais cependant il n'a rien de dur. Le bas du visage annonce un esprit borné, qu'on n'aurait guère attendu d'un tel front.

2. Le front, sans être commun, ne vaut pas le nez, et par conséquent ces deux parties ne sont pas homogènes. La dernière annonce un homme qui pense avec beaucoup de finesse ; mais je ne retrouve pas le même degré d'expression dans le bas du front, et moins encore dans l'intervalle qui reste entre l'œil et le sourcil ; d'ailleurs l'attitude roide et gênée de l'ensemble contraste avec l'œil et la bouche, et sur-tout avec le nez. Si j'en excepte le sourcil, cette physionomie indique un caractère doux et tranquille.

1. Ce contour, dessiné d'après un buste de Cicéron, peut être cité en quelque sorte comme un modèle d'homogénéité. Tout y porte le même caractère de finesse ; chaque trait y est également taillé, limé, aiguisé. On ne risquera rien en disant que c'est là un profil extraordinaire ; mais je ne saurais le trouver sublime. Je proposerais cette physionomie pour le prototype d'un esprit fin et pénétrant, que je soupçonne un peu de donner dans des subtilités et dans des minuties. Ce n'est pas de la bonhomie que j'en attendrais, mais plutôt un enjouement porté à la raillerie.

2. Cette tête est des plus originales et des plus marquées. Je lui trouve un air trop enfantin : le dessin en général est timide, et le contour du front sur-tout aurait dû être traité avec plus de franchise ; mais il n'en règne pas moins une très-belle harmonie dans l'ensemble. Tout se réunit pour exprimer un caractère de douceur, de bonté et de sensibilité. Lorsque le derrière de la tête s'arrondit ainsi en saillie, le front et le nez avancent ordinairement aussi, et tout le visage prend une forme plus ou moins arquée.

Dans ce profil-ci l'œil est à la vérité un peu trop éloigné de l'extrémité du nez ; mais, considéré en lui-même, il peint comme tout le reste une ame pleine de candeur, un esprit net et juste plutôt que profond.

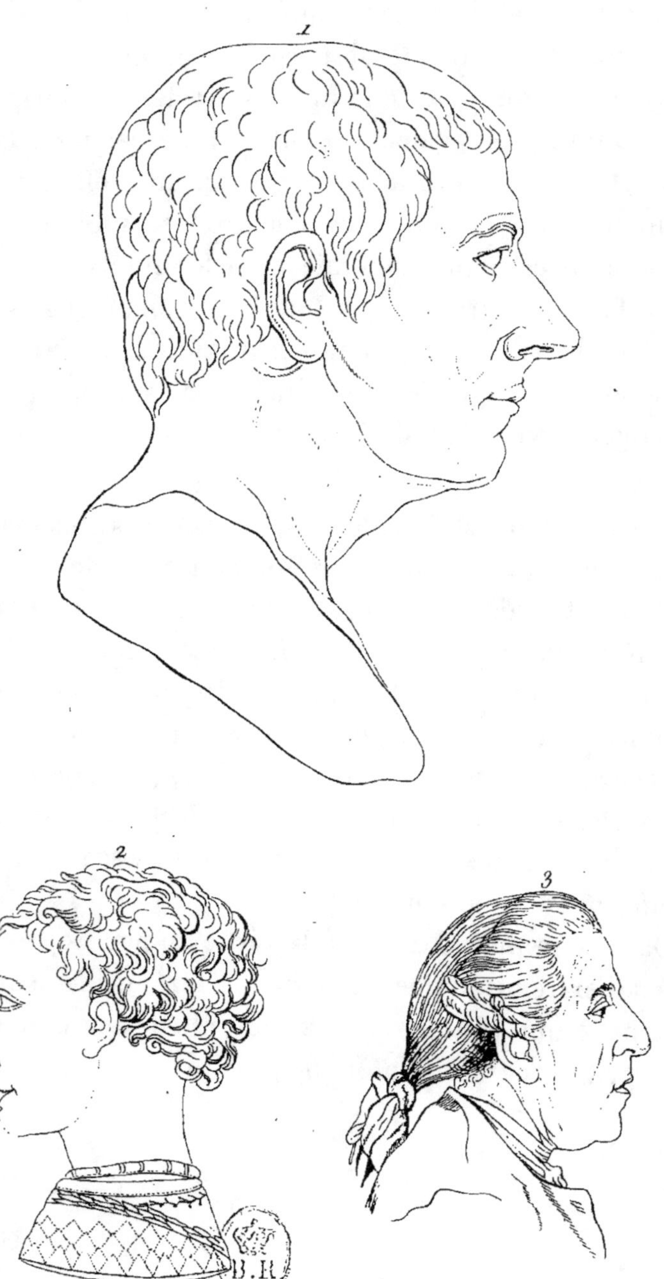

Pl. 35
1
2
3
B.R

3. Un visage homogène, quelque singulier qu'il soit d'ailleurs, se distingue presque toujours par un air naturel qui frappe dès le premier abord. En voici une preuve. Connaisseur ou non, voudra-t-on douter de l'authenticité de ce profil? Le prendra-t-on pour une fantaisie? Je suis sûr que non; et l'on dira sans balancer, qu'il est vrai, qu'il est copié d'après nature. Et en effet ce n'est pas ainsi que l'art invente. Il n'atteint pas cette justesse de rapport, cette harmonie dans les traits et dans les parties du visage. Un portrait comme celui-ci réveille aussitôt des idées de ressemblance avec telles personnes que nous croyons avoir vues, ou bien il nous fait pressentir qu'il doit exister des physionomies qui en approchent. Un front pareil ne supporte point un nez qui descend en ligne perpendiculaire : il lui faut nécessairement ce nez aquilin, cette forme de lèvres, cette bouche entr'ouverte et faite pour l'éloquence. Il sera facile aussi de déterminer d'après ce front la mesure des facultés qu'il renferme. Nous n'en attendrons pas le vol sublime de la poésie; mais l'ensemble des traits fera toujours excepter cette tête des esprits ordinaires. Elle promet un homme exact, ami de l'ordre, et qui retient soigneusement les idées qu'il a reçues.

1. Ce visage est encore marqué au coin de la vérité. Observez combien il y a de précision et d'harmonie. Le dessin en est fortement prononcé ; mais je trouve un vide incohérent dans l'intervalle qui sépare les sourcils, et leur expression même me paraît un peu vague et faible. Au reste, le caráctère de ce front pourrait bien retenir les mouvemens de bonté qui semblent animer la bouche, c'est-à-dire, que l'esprit d'application de l'original, et sa fermeté naturelle, pourraient aisément dégénérer en caprice et en opiniâtreté.

2. Un bon physionomiste devrait savoir distinguer dans chaque portrait inconnu, les traits qui sont vrais de ceux que le peintre a manqués ou altérés ; ceux qui sont dans la nature, de ceux qui en sortent. Un seul trait parfaitement vrai devrait lui suffire pour déterminer et pour rétablir tous les traits qui ne sont vrais qu'à demi, ou qui ne le sont pas du tout. Quant à moi, je ne me vanterai point d'être parvenu à ce degré de sagacité, à cette infaillibilité de tact ; cependant il m'est arrivé quelquefois d'en approcher plus ou moins, et de faire dans ce genre des expériences assez heureuses. Quoi qu'il en soit, il serait difficile d'y réussir pour le portrait ci-joint, où je n'aperçois pas une seule partie qui soit dans l'exacte vérité. Tout ce que j'en puis dire, c'est que le front s'accorde avec la chevelure, et particulièrement avec le menton. D'après ces traits, je suppose que dans l'original les paupières sont plus ridées, celle de dessus beaucoup plus précise et plus avancée,

Pl. 36.

et les parties du visage proprement dites, mieux prononcées en général. Je suis également sûr que la copie ne rend pas entièrement l'expression de la bouche, déjà si belle : elle doit être moins fermée et moins ondoyante. Malgré les imperfections de ce portrait, j'y démêle encore le caractère d'un homme auquel on ne sera pas tenté de se jouer aisément, et dont la seule présence doit en imposer aux ames lâches et corrompues.

1. Quand on n'aurait pas compris encore ce que j'entends par l'homogénéité du visage , ce profil l'expliquerait certainement. Comparez le contour du derrière de la tête avec le front , le front avec la bouche , et vous trouverez par-tout le même caractère rude et dur ; une opiniâtreté stupide se manifeste et dans chaque trait séparé , et dans la forme de l'ensemble. Serait-il possible qu'un tel front s'associât à une petite lèvre enfoncée ? Serait-il possible qu'avec un tel front l'occiput fût voûté en saillie ?

2. Voici un exemple frappant de l'homogénéité du visage. Cet homme perdit son nez par accident , et il prit le parti d'y substituer un nez artificiel. Pouvait-il choisir indifféremment une forme quelconque , et la faire accorder également avec le reste du visage ? Non assurément ; et il n'y a qu'un nez rabattu comme celui-ci qui pût lui convenir. Cette progression était la seule vraie ; toute autre eût été inconvenante , hétérogène. Après cela, je demande si le nez ne doit pas nécessairement remonter par derrière, quand il s'incline ainsi par devant ? et réciproquement , si la partie postérieure ne doit pas s'affaisser , lorsqu'il est retroussé par le bout ? Voilà donc une première règle positive , sur laquelle on peut établir l'homogénéité avec une certitude mathématique. Quant à la signification du visage , je dirai qu'elle annonce des facultés étonnantes , mais sans énergie. L'ensemble , et plus particulièrement encore l'œil , le nez et la bouche , caractérisent un naturel

Pl. 37.
2
1
3

à qui il en coûte de résister aux charmes de la volupté.

3. Je n'ai jamais eu le bonheur de voir cette illustre
princesse, distinguée par tant de mérite personnel et
par tant de grandes qualités ; je n'ai jamais eu la moindre occasion de discuter la ressemblance de ce profil,
et cependant je suis assuré que si la bouche est bien
rendue, le front ne saurait être entièrement vrai ; que
si le haut de cette partie a été saisi avec précision, il
y a certainement de l'erreur dans la section qui se
trouve entre le sourcil et la racine du nez. Un visage
aussi sublime ne comporte absolument pas une aussi
petite narine. D'ailleurs, le menton et le nez sont assez
homogènes, c'est-à-dire, qu'ils annoncent uniformé-
ment la prudence et la fermeté. La bonté et la noblesse,
si bien exprimées dans l'œil, se reproduisent plus avantageusement encore dans la forme du visage et dans le
front.

1. La nature avait imprimé sur cette physionomie l'image de la douceur et de la bonté. On en voit encore quelques marques dans la copie, ne fût-ce que dans la bouche; mais le dessin irrégulier de l'œil, l'alongement du nez et le renfoncement de plusieurs autres traits, produisent un effet hétérogène qui n'appartient point au caractère de ce visage. Le peintre a voulu lui donner une forme antique, y mettre une expression de grandeur, et il n'y a mis que de la dureté; et peut-être n'a-t-il fait en cela que lui prêter son propre caractère, peu fait apparemment pour la sensibilité. Comparez ce portrait avec le suivant, auquel l'imagination n'a pas eu la moindre part.

2. Dans ce profil-ci il y a beaucoup plus de douceur, de bonté, d'uniformité, d'homogénéité. Il n'a pas la vivacité du précédent, mais on y trouve d'autant plus de vérité et d'ingénuité. Ce caractère a moins de prétentions; mais il sait faire un bon emploi de ses facultés, et par-là même son fonds devient plus riche. Des fronts arrondis de la sorte n'admettent jamais un nez angulaire; et lorsque la bouche exprime autant de bonté que celle-ci, elle est inséparable d'un regard ouvert et bénin. Avec une pareille physionomie, on est à l'abri des offenses et des outrages. Une aussi heureuse harmonie dans les traits est une sauvegarde contre tous les attentats.

Pl. 38.

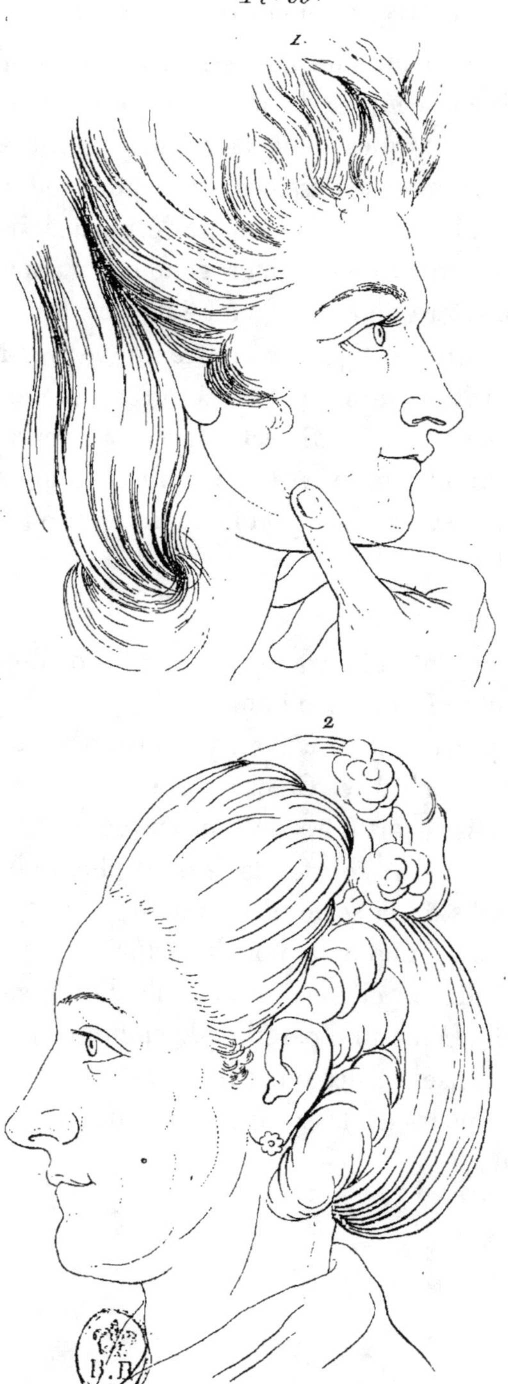

1.
2

Pl. 39.

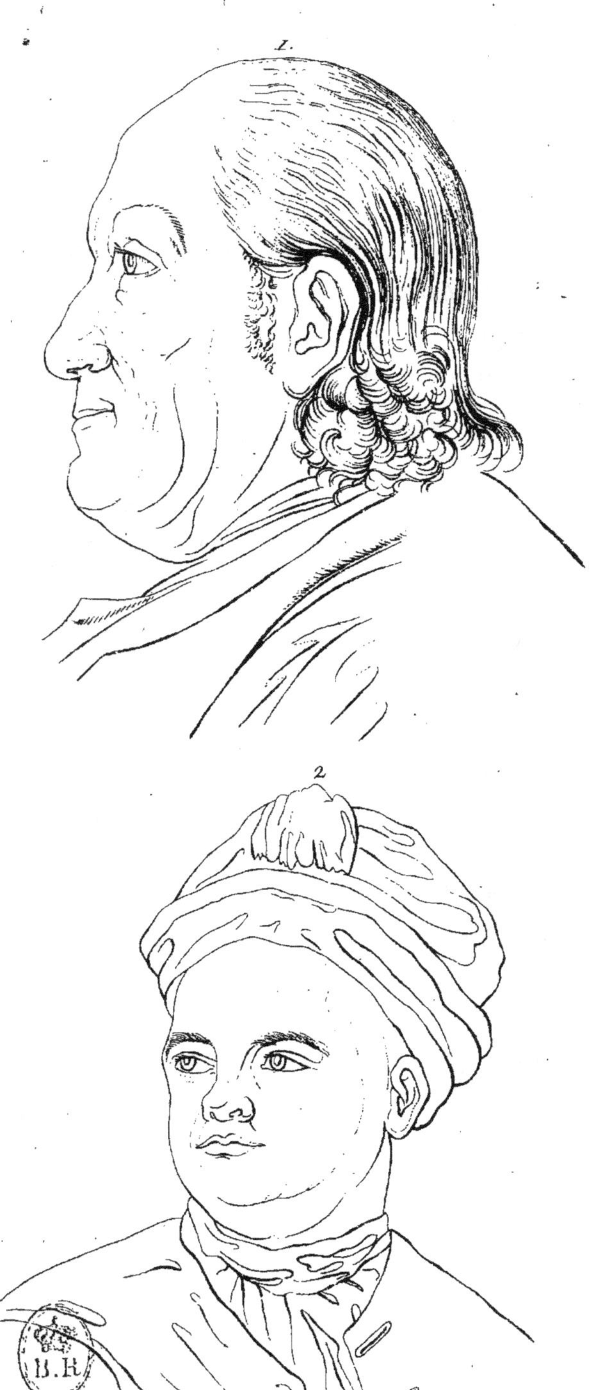

1.

2

1. Un front élevé , qui n'est ni perpendiculaire , ni angulaire , suppose presque toujours une chevelure douce et fine , un menton épais et charnu , un nez arrondi par le bout. Lorsque le front, vu en profil , décrit deux courbes , le haut s'affaisse toujours en arrière, et le bas ressort en avant , pour former ensuite une cavité marquée. Quant au portrait que nous avons sous les yeux, il peut être cité comme le modèle d'un penseur plein de sagacité et de pénétration. Cette heureuse physionomie caractérise à merveille un esprit qui sait s'élever sans qu'il lui en coûte de grands efforts ; un homme qui poursuit ses desseins avec une fermeté réfléchie, mais exempte d'opiniâtreté.

2. Cette tête-ci présente l'assemblage d'un front élevé et chauve, d'un petit nez plus ou moins camus, et d'un double menton.

On pourrait encore adopter comme une loi presque universelle de la nature , que les sourcils sont toujours épais lorsqu'ils couvrent des yeux expressifs , et qu'ils y touchent de près. Le portrait dont il s'agit prévient par l'harmonie des traits ; tout y est parfaitement homogène. Il n'en faut pas davantage pour caractériser la clarté et la solidité du jugement. Aussi je dirais volontiers de ce visage, qu'il est celui de la raison.

PORTRAITS D'APRÈS VAN DYK.

Les portraits de la planche ci-jointe nous offrent autant de caractères d'un mérite distingué. Tâchons de faire sentir ce qu'il y a d'homogène ou d'hétérogène dans les traits.

1. Vorstermans. La douceur et la flexibilité de son esprit sont caractérisées par le contour du front, par les yeux et par la fente de la bouche ; mais le dessin de la bouche même est manqué, et ce qu'elle a d'incorrect la fait contraster avec les autres parties du visage. La pointe du nez a aussi quelque chose d'hétérogène, et l'os de l'œil devrait être un peu moins obtus.

2. Guzman. C'est une vraie physionomie de héros ; mais elle exigeait un regard plus décidé, des yeux dont les angles fussent plus aigus. Le dessin des lèvres est également trop vague, trop faible pour un visage de cette énergie. D'ailleurs, le haut et le bas du visage se trouvent dans un parfait accord.

3. Pereira. Le menton et le front sont homogènes ; quoique celui-ci ne soit pas assez voûté, ou que les contours n'en soient pas assez arrondis. Ces sortes de fronts élevés et voûtés ne souffrent guère un nez pointu et fortement prononcé. Ils le veulent d'une taille moyenne, c'est-à-dire, plutôt petit que grand, relativement au front. Observez sur-tout, comme une chose remar-

quable, qu'un tel front élevé en voûte et à demi-chauve, admet ordinairement des mâchoires et un menton fort charnu. La tête de *Guzman*, celle de *Franklin*, qui est à la planche 36, n° 2, page 16, et enfin les deux portraits de la planche 39, page 21, fournissent la preuve.

4. FRITLAND. Autre physionomie de héros, et des plus majestueuses. Le caractère de sa fermeté y est exprimé avec beaucoup de vérité. Cet homme est fait pour commander, et non pour obéir. La bouche en général, et en particulier la ligne qui la divise, sont trop fades pour un tel visage ; le menton et le dessous du menton, trop unis, trop vides. Des fronts perpendiculaires comme celui-ci, s'associent toujours volontiers à des joues d'une forme analogue.

AUTRES PORTRAITS D'APRÈS VAN DYK.

1. Peiresc. C'est la physionomie d'un politique consommé, également adroit à découvrir et à cacher les secrets, fait à tous égards pour le travail du cabinet. Les visages qui descendent ainsi en pointe, depuis les yeux jusqu'au bas du menton, supposent toujours de longs nez. Jamais on ne leur trouvera un nez retroussé, ou de grands yeux à fleur de tête. La fermeté qui les caractérise mérite plutôt le nom. d'opiniâtreté ; et ces sortes de gens ont recours à l'intrigue et agissent par des voies détournées : ils évitent les occasions où il faut se montrer et payer de sa personne.

2. Scaglia. Ce visage est, pour ainsi dire, un chefd'œuvre d'homogénéité. Il annonce un cœur plein de sensibilité, une mâle énergie et un calme imperturbable. Il nous rappelle les esprits d'un ordre supérieur. Rarement l'énergie et le calme se touchent de si près. Sera-t-on surpris après cela de lire l'inscription suivante au bas de son portrait ?

> Hic, quem tacentem nobilis finxit manus ,
> Nuper diserta principes lingua movens,
> Momenta rebus magna perplexis dedit.
> Sibi nunc silendo vivit, ac procul totum
> Undare mundum tacitus e portu intuens,
> Animum ad futura, doctus ex visis, parat.

3. Cachiopin. Ce visage est entièrement dessiné dans

le même esprit; il ne peut convenir qu'à un homme
de beaucoup de goût. L'œil indique l'amour des beaux-
arts; le front promet moins de pénétration qu'un jugement sain et net, une conception facile ; le nez tranche
un peu trop par le bas.

4. Stevens. Il y a ici un contraste visible; la lèvre
d'en bas ne saurait s'accorder ni avec la bouche, ni avec
l'œil. Celui-ci conserve aussi une expression de douceur
qui manque à la bouche. Observez, au reste, qu'un
nez dont le dos est aussi large, et qui se relève ainsi
par le bout, est une marque assez ordinaire de jugement
et d'esprit naturel. Vous trouverez encore ici, entre le
front et le bas du visage, le même rapport que nous
avons saisi dans quelques-unes des têtes précédentes.

II.

DU CRANE DE L'HOMME CONSIDÉRÉ RELATIVEMENT A LA PHYSIONOMIE.

Les auteurs et les observateurs qui m'ont précédé dans la carrière physiognomonique, semblent n'avoir fait qu'une très-légère attention au crâne, la partie du corps humain qu'il importait le plus d'étudier.

Aucune n'est plus intéressante ni plus significative pour un observateur attentif : la connaissance de cette partie est le fondement le plus solide de celle de l'homme.

Le système osseux doit être regardé comme l'esquisse du corps humain ; et à mes yeux le crâne est la base, l'abrégé de ce système, de même que le visage est le résultat et le sommaire de la forme humaine en général. D'après ces principes, les chairs ne sont en quelque sorte que le coloris qui relève le dessin ; et l'objet principal de mes recherches sera la constitution, la forme et la courbure du crâne.

On sait que le fœtus n'est d'abord qu'une substance molle et mucilagineuse, qu'on croirait homogène dans toutes ses parties. Les os mêmes ne sont dans le commencement qu'une espèce de gelée, qui devient ensuite membraneuse, puis cartilagineuse, et enfin dure et osseuse.

A mesure que cette gelée, si transparente et si délicate dans l'origine, croît, s'épaissit et perd sa transparence, on y remarque un petit point plus ferme et plus opaque, qui diffère du cartilage et tient déjà de la nature des os, sans en avoir la dureté. Ce point est pour ainsi dire le noyau de l'os qui va se former, le centre d'où part l'ossification pour gagner la circonférence.

On aperçoit dans ce germe osseux des différences qui font déjà juger quelle sera la forme des os lorsqu'ils auront atteint leur degré de perfection. Dans les petits os simples, on ne distingue qu'un seul noyau ; dans les grands et dans ceux qui sont épais et angulaires, il s'en trouve plusieurs, répartis en différens endroits du cartilage primitif ; mais, dans ce dernier cas, le nombre des pièces qui composeront l'os est le même que celui des noyaux, et toutes ces pièces sont parfaitement bien assorties.

Dans les os du crâne, le noyau rond paraît d'abord au centre de chaque pièce, et l'ossification s'étend ensuite en tous sens par le moyen d'une infinité de fibres, que le point osseux semble pousser en forme de rayons, et qui s'alongent, s'épaississent, se durcissent de plus en plus, et se lient ensemble par un tissu membraneux. La jonction des différentes parties du crâne produit ensuite ces sutures dentelées dont on admire avec raison la délicatesse (1).

Nous n'avons encore parlé jusqu'ici que de la première époque de l'ossification ; la seconde peut être placée environ dans le quatrième ou le cinquième mois.

(1) Voyez *Albini Icones ossium fœtus humani*, et *Bidloo Anatomia corporis humani.*

Il faut ajouter à ces ouvrages de deux anatomistes très-célèbres, celui que Sœmmerring a publié sur le même sujet J.-P.-M.

Pendant cet intervalle, les os, et toutes les parties en général, prennent une forme plus parfaite et plus distincte, à mesure que l'ossification gagne successivement tout le cartilage, et à proportion du plus ou du moins de vivacité du fœtus, et du degré de la force active qui caractérisent cet être, même avant qu'il voie le jour.

Les os croissent et se durcissent avec l'âge, suivant une gradation insensible et coïncidente à chaque instant de la durée de la vie.

Les anatomistes ne s'accordent pas dans leurs hypothèses sur le mécanisme de l'ossification du fœtus; mais cette question n'entre pas dans mon plan, et je laisse aux physionomistes des siècles à venir le soin de frayer cette route encore inconnue : quant à moi, je m'en tiens à ce qui est positif, et aux résultats de la seule observation.

Au reste, il est certain que l'activité des muscles, des vaisseaux et des autres parties molles qui environnent les os de toutes parts, contribue infiniment à leur accroissement et aux progrès de leur solidité.

Ce qui reste encore de cartilagineux dans l'os nouvellement formé du fœtus, diminue, s'affermit et blanchit jusqu'au sixième et septième mois, à mesure que la partie osseuse se perfectionne. Tel os acquiert une certaine fermeté beaucoup plus vite que tel autre; c'est le cas de ceux du crâne et des osselets de l'ouïe. Les mêmes os n'ont pas toujours une égale dureté, et quelquefois elle varie dans les différentes parties d'un même os. En général, ils sont toujours plus durs vers le centre et le principe de l'ossification, et leur solidité décroît à mesure qu'ils s'en éloignent. D'ailleurs, tandis que les os se consolident, ce qui arrive à mesure que l'homme vieillit, leur rigidité avance par des degrés lents et imperceptibles. Ce qui était encore cartilage dans l'adulte, finit par s'ossifier dans le vieillard, et l'os en entier devient cassant à force d'être compact et sec.

Les anatomistes distinguent la forme naturelle ou essentielle, de l'accidentelle.

La forme naturelle est à-peu-près la même dans tous les corps, quelque différens qu'ils soient entre eux à l'extérieur. Elle est à jamais fixée par les lois d'une nature commune dans les êtres qui transmettent la vie, par la propriété uniforme de leur liqueur séminale, et par les circonstances qui accompagnent naturellement et invariablement la génération. Telles sont les causes pour lesquelles l'homme engendre toujours un homme, et chaque animal toujours son semblable.

La forme accidentelle, au contraire, est sujette à varier dans le même individu, selon les circonstances et l'influence de l'âge.

La forme naturelle a ses moules internes, qui varient autant que les contours extérieurs du visage. Ces moules intérieurs sont l'ouvrage de la nature, suivant l'ordre assigné par le souverain créateur de toutes choses à tous les ouvrages de ses mains : c'est l'effet d'une prédestination inexplicable, la seule à laquelle nous sommes vraiment et constamment assujettis avant de naître. Chaque os a sa forme primitive et sa disposition individuelle : il peut changer, et il change effectivement tous les jours et à tous les instans ; mais jamais il ne parviendra à une ressemblance parfaite avec tel autre os qui porte le même nom, mais dont la forme primitive est différente. Les changemens accidentels, quelque sensibles qu'ils soient, n'en dépendront pas moins de la forme primitive et individuelle de l'os; la pression même la plus violente n'altérera jamais cette forme, et ne pourra tellement la dénaturer, qu'on ne puisse la distinguer de celle qui appartient à tout autre système osseux qui aurait souffert le même accident. En un mot, un os peut tout aussi peu perdre sa forme originelle et prendre celle d'un os correspondant, qu'un nègre changer sa couleur, ou un léopard effacer ses taches, quelles que soient les variations auxquelles les uns et les autres pourraient être exposés.

On découvre dans les os une multitude de vaisseaux qui leur apportent la moelle et le suc nourricier. Plus le sujet est jeune, plus il y a de ces vaisseaux, et plus aussi les os sont spongieux et flexibles.

On pourrait, à la rigueur, et à l'aide d'une grande habitude, fixer l'âge du fœtus par l'inspection de ses os; mais plus le corps croît et vieillit, plus ces diffé-rences disparaissent, et plus les époques deviennent dif-ficiles à déterminer.

Le crâne, qui par la suite acquiert une si grande so-lidité, est mou et flexible dans les enfans; sa surface interne est entrecoupée d'un grand nombre de sillons, de canaux et d'inégalités; et c'est la pression conti-nuelle du sang, des veines, et même celle du cerveau qui les produit.

La cavité du crâne est visiblement calquée sur la

masse des substances qu'il renferme, et suit leur accroissement dans tous les âges de la vie ; ainsi la forme extérieure du cerveau, qui s'imprime parfaitement sur la
surface interne du crâne, est en même temps le modèle
des contours de la surface extérieure.

Les apophyses mastoïdiennes des os temporaux, qui
sont placées derrière le canal auditif, ne paraissent ni
dans le fœtus, ni dans les premières années de l'enfance, elles ne croissent et ne s'épaississent qu'avec
l'âge. Dans les femmes et les personnes qui mènent
une vie sédentaire, elles sont petites, arrondies et lisses ;
au contraire, dans le paysan, le porte-faix, et tous les
gens endurcis au travail, elles sont grandes, couvertes
d'aspérités, obliques, courbées en avant et vers le bas,
dans la même direction que celle des muscles qui y
répondent.

C'est donc la pression des muscles et celle des parties
avoisinant les os qui gravent à leur surface et dans leur
substance même toutes sortes de dessins et de sillons.
C'est principalement à la surface du crâne que se trouvent les marques distinctives du genre de vie du sujet
auquel il a appartenu.

Les tumeurs qui surviennent accidentellement dans
le voisinage des os, changent la forme de ceux-ci,
par la pression continuelle qu'elles exercent contre leur
surface.

On a même vu dans un adulte un anévrisme formé
dans le thorax percer le sternum, et occasioner autour
de l'ouverture qu'il s'était pratiquée, des enfoncemens
analogues à la forme de l'abcès. Ce squelette a été, dit-

on, conservé dans le cabinet anatomique de Péters-
bourg. On peut conclure d'un cas aussi extraordinaire,
qu'il arrive et doit nécessairement arriver tous les jours
des effets analogues dans l'ordre de la nature : *Gutta
cavat lapidem* (1).

Cette observation est des plus importantes pour la
science des physionomies. M. de Fischer, de qui j'em-
prunte ici plusieurs idées, prétend qu'on pourrait, à la
seule inspection du crâne, reconnaître au moins les
caractères distingués par une simplicité ou par une
énergie particulière. Il explique ensuite en détail,
par le moyen de la forme totale, de la dureté et des
proportions du crâne, la disposition et la masse totale
du caractère, et retrouve son développement accidentel
et ses dispositions particulières, dans les diverses impressions qu'ont produites sur les os les muscles du visage. De là ces différences infinies dans les os du crâne,
qui varient autant que les langues et les dialectes.

Il suit de tout ce qui précède que le système osseux
est le fondement de la physiognomonie, soit qu'on l'envisage comme agissant sur les parties molles, ou comme

(1) Il y a ici une grande erreur physiologique, et LAVATER est
même en contradiction avec ses principes sur l'homogénéité. Le
muscle, les parties molles et actives ne creusent point les os, ne
développent pas des saillies, des reliefs à leur surface ; mais les os
s'accroissent dans la même proportion que les muscles, se développent avec eux, et lorsqu'un membre, ou quelque partie, est
plus exercé, plus souvent excité, tous ses élémens organiques
acquièrent une augmentation de volume dont l'expression peut
faire ensuite un caractère physiognomonique. *Note des Éditeurs.*

éprouvant l'action de ces mêmes parties, soit enfin qu'on les considère comme donnant et recevant la loi tour-à-tour. Dans l'un et dans l'autre cas, il sera toujours solide, déterminé, durable, reconnaissable, et portera des marques de ce qui est plus invariable dans le caractère de l'homme.

Que répondre maintenant à l'objection d'un bel esprit anti-physionomiste, qui a voulu s'amuser à mes dépens?

« On a trouvé, dit-il, dans les catacombes aux en-
» virons de Rome, une quantité de squelettes, qu'on a
» pris pour des reliques de saints, et révérés comme telles.
» Dans la suite, plusieurs savans ont révoqué en doute
» que les catacombes eussent servi de tombeaux aux
» premiers chrétiens et aux martyrs, et même ils ont
» conjecturé qu'elles pourraient avoir été le lieu de la
» sépulture des malfaiteurs et des brigands. Cette con-
» testation a fortement troublé la dévotion des fidèles.
» Si la physiognomonie, ajoute-t-il, est une science bien
» sûre, que n'a-t-on fait venir Lavater, qui, à la simple
» vue et à l'attouchement, aurait séparé les ossemens
» du saint d'avec ceux du brigand, et rétabli ainsi les
» vraies reliques dans leur premier crédit. »

Un défenseur impartial de la science des physiono-
mies, a répondu à cette saillie dans les termes que je vais rapporter. « L'idée, dit-il, est assez plaisante ; mais,
» après en avoir ri à son aise, qu'on examine un peu le
» résultat de ces recherches ; supposé qu'elles eussent eu
» lieu ; vraisemblablement le physionomiste nous aurait
» montré dans plusieurs os, et sur-tout dans ceux de la

» tête, une foule de différences réelles qui ont échappé
» aux yeux des ignorans ; et quand ensuite il aurait
» classé les têtes, quand il en aurait successivement
» établi les *gradations*, et fait sentir leurs *extrêmes* par
» les *contrastes*, nous n'aurions peut-être pas été éloi-
» gnés d'acquiescer à ses hypothèses sur les propriétés
» et l'activité du cerveau que ces crânes renfermaient
» autrefois.

» D'ailleurs, ne sait-on pas que beaucoup de brigands
» se sont distingués par de l'esprit et par une activité
» surprenante ? En peut-on dire autant de la plupart
» des saints dont les noms figurent dans l'almanach ?
» La question devient par conséquent des plus em-
» brouillées ; et le physionomiste est très-excusable s'il
» se dispense d'y répondre, et s'il la renvoie à la déci-
» sion d'un juge infaillible. »

C'est ainsi que s'exprime M. *Nicolaï*. Sa réponse est
bonne, mais elle ne me paraît pas suffisante. Tâchons
de mettre la chose dans tout son jour.

Distinguer le saint du brigand, uniquement par le
crâne ! Qui l'a jamais prétendu ?

Quand on veut juger les hommes, leurs opinions et
leurs ouvrages, il me semble que la bonne foi exige,
avant tout, qu'on entre dans leurs vues, et qu'on ne
leur prête pas des idées qui n'ont jamais été les leurs.

Je ne connais point de physionomiste qui ait eu la
prétention combattue par notre critique ; mais il est
sûr au moins que je n'en ai jamais formé de pareille.

Toutefois je soutiendrai, comme une vérité des plus
faciles à démontrer, que la simple forme du crâne, que

ses proportions, sa dureté ou sa mollesse, suffisent pour reconnaître en gros, avec la plus grande certitude, l'énergie ou la faiblesse du caractère de l'individu auquel il appartenait.

Bien plus, il est évident, et je l'ai déjà dit plus d'une fois, que l'énergie et la faiblesse ne sont en elles-mêmes ni des vices, ni des vertus ; elles ne font ni le saint, ni le démon.

Enfin chaque homme peut faire de ses facultés l'usage que bon lui semble, et peut employer sa force, comme ses richesses, à l'avantage ou au détriment de la société ; et l'on peut, avec le même fonds de richesses, devenir un saint ou un démon. En un mot, l'usage de la force positive est aussi arbitraire que celui de la force naturelle dont on est doué en naissant ; et de même que de cent riches, quatre-vingt-dix-neuf ne deviendront pas des saints, de même aussi de cent hommes qui naissent avec une force primitive bien décidée, à peine un seul en fera-t-il l'usage auquel elle était destinée.

Ainsi, de ce qu'on trouve dans tel ou tel crâne les traces d'une grande solidité, on n'en est pas autorisé à conclure que cet homme-là était un brigand ; mais on ne risquera rien d'affirmer qu'on y découvre une surabondance de force impulsive qui, à moins de supposer en même temps certaines restrictions et modifications, rend fort probable que cet homme avait l'esprit de conquête ; qu'il était un général d'armée, un conquérant, un César, ou un brigand, un Cartouche ; que, dans telle circonstance, il eût agi de telle manière ; que, dans une position différente, il eût pris tel autre parti ;

mais toujours avec la même violence et la même impétuosité, toujours en despote et en conquérant.

Ainsi l'on pourra dire, à l'inspection des os de certains crânes, que le tissu, la forme, la mollesse de leurs
parties, indiquent évidemment un sujet faible, doué
de la seule faculté de concevoir des idées, et privé de
toute force impulsive ou vertu créatrice ; que, dans telle
conjoncture, les personnes qui ont des crânes ainsi
construits eussent agi faiblement ; qu'elles eussent été
naturellement incapables de résister à de fortes tentations, comme de former de grandes entreprises. Dans
le monde, elles fussent devenues des coquettes ; dans
la vie privée, des libertines, et de fausses dévotes dans
le couvent.

La même force, la même sensibilité, la même conception produisent des effets et reçoivent des impressions qui varient à l'infini.

Ceci aide à concevoir, et nous l'avons déjà remarqué,
que la prédestination et le libre arbitre peuvent s'allier
dans le même sujet.

Conduisez l'homme le plus ordinaire dans un charnier, faites-lui apercevoir la différence des crânes, et
bientôt il découvrira ou sentira, au moins d'après ce
que vous lui aurez dit, que l'un annonce de l'énergie,
et l'autre de la faiblesse ; celui-ci de l'obstination, et
cet autre de la légèreté.

Rencontrez-y, par hasard, le crâne d'un César, celui
d'un Michel-Ange, quel homme serait assez borné pour
n'y pas découvrir l'expression caractéristique d'une
force extraordinaire et d'une fermeté inébranlable ? Et,

malgré leur différence, ne leur attribuera-t-on pas également une influence plus décisive, des effets plus durables que ceux qu'auraient pu produire un crâne uni et semi-ovale.

Et le crâne de Charles XII, de quels caractères ne doit-il pas être empreint? Qu'il est sans doute différent de celui de son historien Voltaire! Comparez le crâne de Judas Iscariot avec celui du Christ de Holbein, et demandez-vous où est le traître? où est l'innocence trahie? Balancerez-vous? Non, assurément.

Il n'est pas difficile, sans doute, de prononcer entre deux têtes prodigieusement différentes, entre celle d'un brigand et celle d'un saint. Les différences sont trop frappantes dans ce cas, pour que celui qui les aura saisies puisse en tirer vanité, et se flatter de pouvoir, en général, distinguer le saint du brigand, uniquement par le moyen du crâne.

Je terminerai cet article en rappelant un trait d'histoire connu de tout le monde. On trouva jadis sur un champ de bataille des ossemens qui y étaient restés plusieurs années après le combat, et on distinguait encore les crânes du Mède efféminé d'avec ceux du Perse aguerri. Je crois avoir entendu dire la même chose des Suisses et des Bourguignons, et ceci prouverait au moins qu'on a cru pouvoir reconnaître, à la seule inspection du crâne, la différence du genre de vie et celle des forces des différens peuples, et distinguer une nation d'une autre (1).

(1) On a regardé ce trait comme fabuleux depuis long-temps,

AVIS AU PHYSIONOMISTE

Sur l'importance de la connaissance du crâne.

LE physionomiste savant devrait donc fixer toute son attention sur la forme de la tête. Il devrait s'appliquer à observer, à déterminer la première forme de celle des enfans, à la suivre dans les changemens infinis et relatifs qu'elle subit. Il devrait se perfectionner dans cette étude au point d'être en état de dire, à la première vue de la tête d'un enfant nouveau-né, ou de l'âge de six mois, d'un ou de deux ans : Dans tel cas donné, ce système osseux se formera et se dessinera de telle manière. Il faudrait qu'à l'aspect du crâne d'un jeune homme de dix, de douze, de vingt-quatre ans, il pût dire : Ce crâne avait telle forme il y a huit, dix ou vingt ans, et, à moins qu'il ne survienne des accidens extraordinaires, il prendra telle autre forme dans huit, dix ou vingt ans d'ici. Il devrait connaître assez les formes individuelles pour prévoir dans l'enfant ce que sera l'adolescent, et dans l'adolescent ce que sera l'homme fait ; et réciproquement l'adolescent dans l'adulte, l'enfant dans l'adolescent, celui qui vient de naître dans celui qui a atteint sa seconde année, l'embryon dans l'enfant à la mamelle.

Il le devrait ; il le pourra un jour ; et c'est alors seulement que la physiognomonie sera solidement appuyée sur sa base naturelle, qu'elle prendra profondément

depuis qu'une saine érudition et une critique philosophique ont éclairé l'histoire. *Note des éditeurs.*

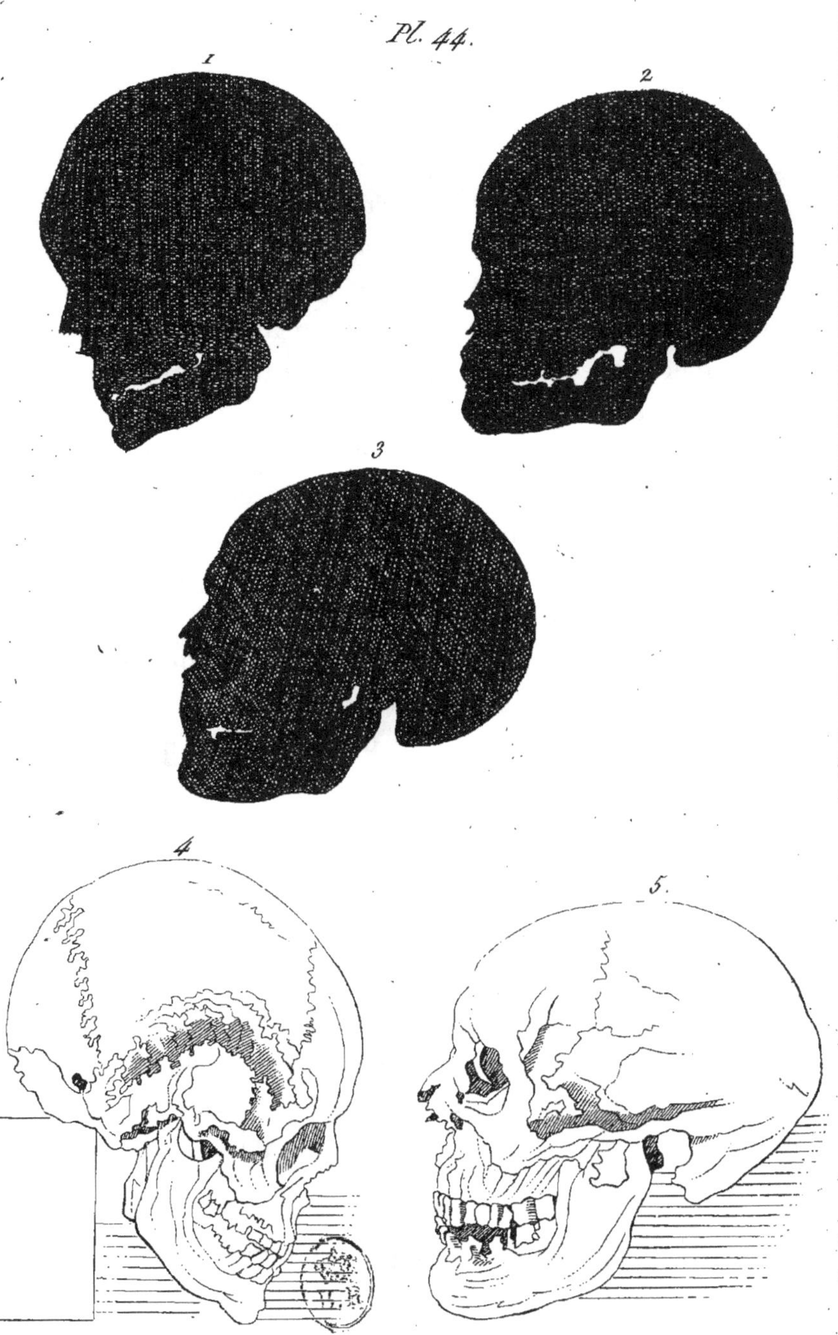

Pl. 44.
1
2
3
4
5

racine, et deviendra semblable à un arbre sur lequel
les oiseaux du ciel font leur nid, et à l'ombre duquel
les plus sages et les meilleurs des hommes viennent se
reposer et adorer. Jusqu'à présent notre science n'est
encore qu'un grain de semence qu'on jette sans le connaître.

O vous, qui adorez la sagesse infinie qui forme et
dispose toute chose, arrêtez-vous un moment encore
à considérer avec moi le crâne de l'homme !

On découvre dans ce crâne dépouillé les mêmes variétés qui se manifestent dans toute la forme extérieure
de l'homme. La suite en fournira des preuves, et fera
voir que c'est par-là proprement qu'il faut commencer,
si la science des physionomies est plus qu'un simple
amusement, si elle doit tourner à l'avantage de la société ; et l'on se convaincra que l'inspection des os du
crâne, de leur forme et de leur contour, disent, sinon
tout, au moins le plus souvent beaucoup plus que tout
le reste.

Voici, dans cette planche, les silhouettes de la partie
osseuse de trois têtes. Riez ou ne riez pas, ce sont là des
faits. On ne voit ici ni mine, ni traits, ni mouvement,
et cependant ces trois crânes n'en sont pas moins expressifs. Pour détruire ces faits, il faudrait en alléguer
d'autres qui prouvassent le contraire ; toute autre manière de procéder est indigne du sage, indigne de quelqu'un qui aime la vérité, et incompatible avec la saine
philosophie.

Tel est le jugement que je porterais de ces crânes ;

je le crois infaillible, parce qu'il est dicté par l'expérience :

Le n° 1 est le plus fin et en même temps le plus faible ; on y reconnaît évidemment le caractère d'une femme naturellement portée aux petites choses, à la propreté et à l'exactitude, dominée par l'avarice et par un esprit inquiet, et n'ayant de sagacité que dans les minuties.

Le n° 2, quoique d'une constitution délicate, n'a cependant ni la faiblesse, ni la petitesse du précédent.

Le n° 3 est un crâne d'homme : on y remarque des sinus frontaux qui ne se trouvent que très-rarement, ou plutôt jamais bien exprimés dans les crânes de femme. Ce caractère-ci est le plus franc, le plus sincère et le plus judicieux des trois, sans être un génie de la première ni même de la seconde classe.

Le n° 4, pris dans son ensemble, et comparé avec le 5ᵉ, est trop perpendiculaire, et porte avec lui l'indice d'un manque d'esprit et de délicatesse ; mais ce défaut est en quelque sorte effacé par le menton, et par l'angle que forme le nez avec le front : l'observateur découvrira bientôt dans le contour qui s'étend depuis la racine du nez jusqu'au sommet de la tête, l'expression d'une opiniâtreté dénuée d'énergie.

Le n° 5 est bien différent du n° 4 : on y distingue le dessin d'un grand nez aquilin, une force singulière

dans les sinus pituitaires du front, beaucoup de grossièreté dans le bas alongé du visage, peu de finesse et
de réserve, un air fade, dur et insensible, un mélange
de malice, de ruse et de stupidité.

1. C'EST le crâne d'un vieillard décapité : il est remarquable, sur-tout par les protubérances de l'os jugal, et par son menton pointu et angulaire. Le front est commun sans être ignoble, et il indique une conception facile.

2. Autre tête d'un vieillard décapité, dont le crâne en lui-même est d'une épaisseur extraordinaire. Le contour du front serait admirable, s'il était dessiné avec plus de vérité et de hardiesse. Les yeux étaient vraisemblablement fort enfoncés, du moins le contour du front le fait présumer ; et de tels yeux , combinés avec un tel front, promettent toujours une grande pénétration ; ils annoncent un esprit ferme, calme, perçant, et du penchant à la ruse.

Pour étendre et pour mieux fixer nos connaissances physiognomoniques, il sera nécessaire aussi d'étudier le crâne dans des positions différentes ; en voici un , n° 3, qui est particulièrement remarquable :

Observez d'abord dans un crâne la forme, le volume et le rapport de l'ensemble ; son plus ou moins de ressemblance avec l'ovale ; le rapport de la hauteur à la largeur en général.

Dans la position où nous voyons celui-ci , il est d'une forme oblongue ; vu par devant, il serait de la petite espèce : l'intervalle jusqu'à la suture coronale est considérable.

Remarquez, en second lieu, la courbure antérieure qui déborde le reste du crâne ; il est intéressant et facile d'en démêler la signification.

Dans ce crâne-ci , ou du moins dans le dessin, cette

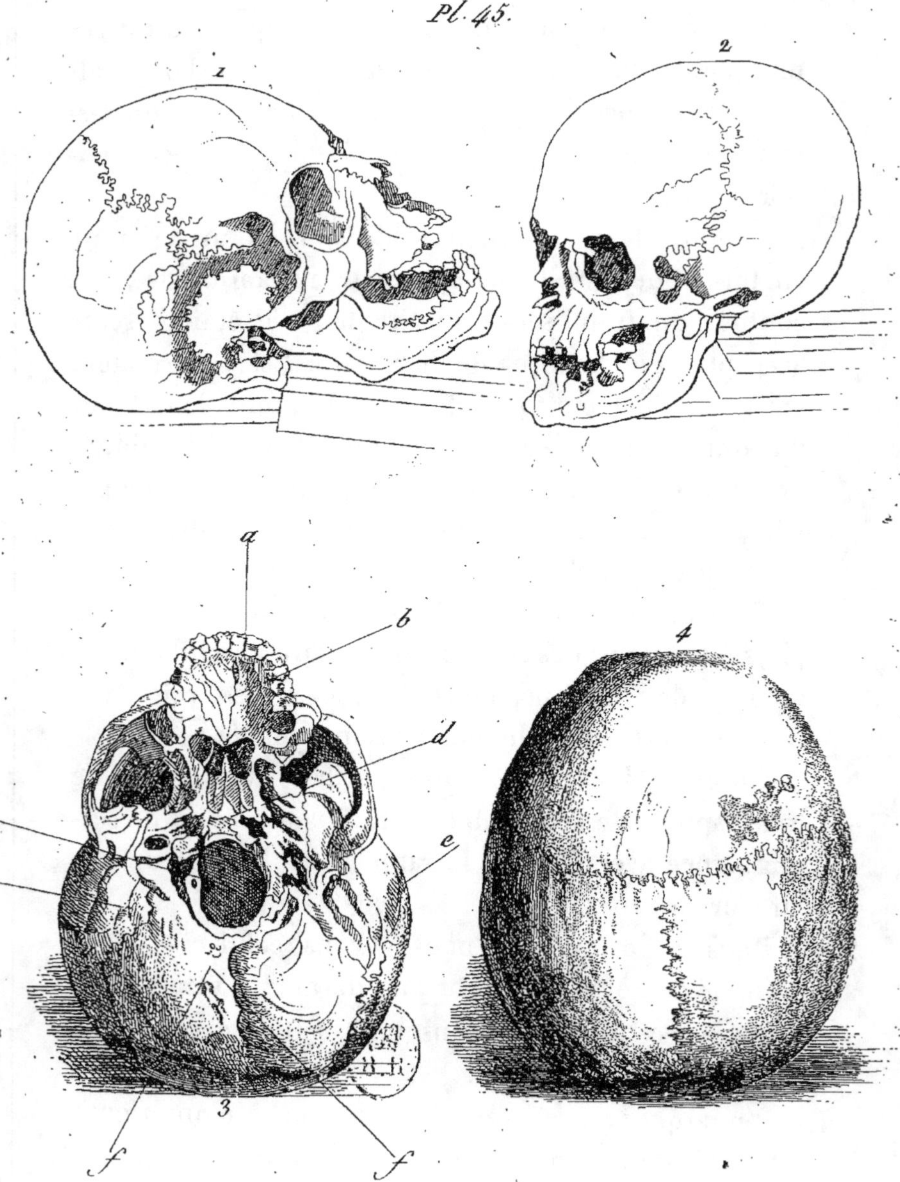

Pl. 45.
1
2
a
b
d
c
4
f
3
f

courbure est des moins expressives : mieux voûtée , ou plus régulièrement arquée , elle promettrait bien plus de caractère, c'est-à-dire , plus d'énergie et de pénétration.

Considérez , en troisième lieu , les trois sutures, leur courbure en général , et sur-tout leur délicatesse : je n'entreprendrai pas encore d'expliquer ce qu'elles signifient ; mais, en attendant, on peut regarder comme certain que la nature est toujours exacte et toujours vraie jusque dans ses moindres détails.

Quatrièmement enfin , on doit examiner le dessous de la tête, la courbe qui résulte de cette position , et en particulier la cavité, l'aplatissement ou la voûte de la portion sur laquelle le crâne repose.

Dans celui de devant nous distinguerons :

(*a*) L'arc que produit la rangée des dents ; sa forme pointue ou plate sera pour nous la marque de la faiblesse ou de l'énergie.

(*b*) La finesse ou la grossièreté de la mâchoire supérieure.

(*c*) La forme et la grandeur du trou occipital.

(*d*) L'épaisseur du sphénoïde.

(*e*) Les apophyses mastoïdiennes.

(*f*) Et principalement la face raboteuse de l'os occipital.

Le front, vu du haut en bas, présente encore des différences d'une autre espèce, et qui sont des plus significatives.

Le langage de la nature, tel que je le trouve exprimé dans ces crânes détachés, dans une seule partie, dans une simple section du crâne, me paraît clair et décisif.

Quiconque n'aperçoit point ici un sujet de nouvelles découvertes, pourra bien être un homme aimable et estimable, utile à la société, ami de l'humanité; mais certainement il ne sera pas physionomiste. Et après tout, est-il absolument nécessaire que chacun le soit?

Le contour du n° 1 est celui d'un homme ordinaire, qui, sans être stupide, ne s'élève pourtant pas au-dessus de la classe des esprits médiocres.

Le contour du n° 2 est le caractère d'un homme très-judicieux.

Le troisième est dessiné d'après un buste de Locke.

Pl. 46.

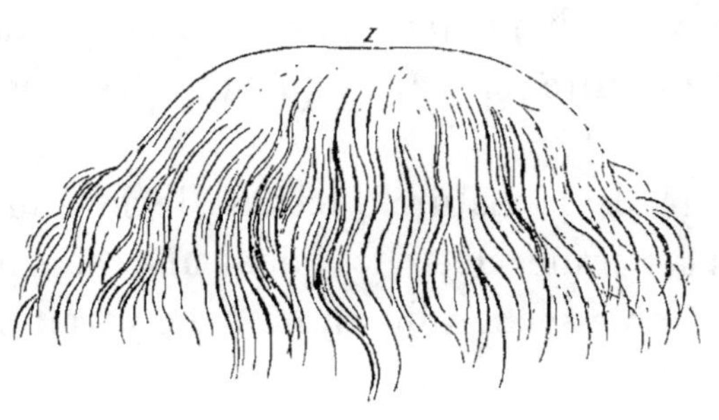

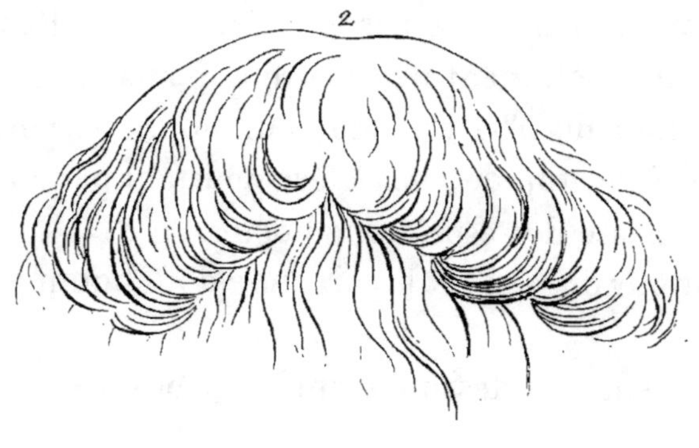

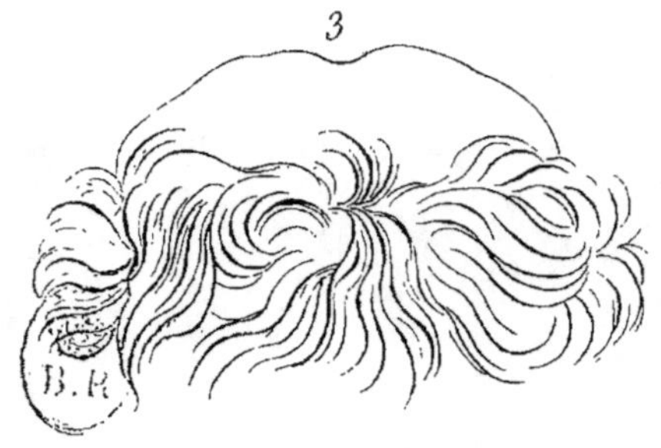

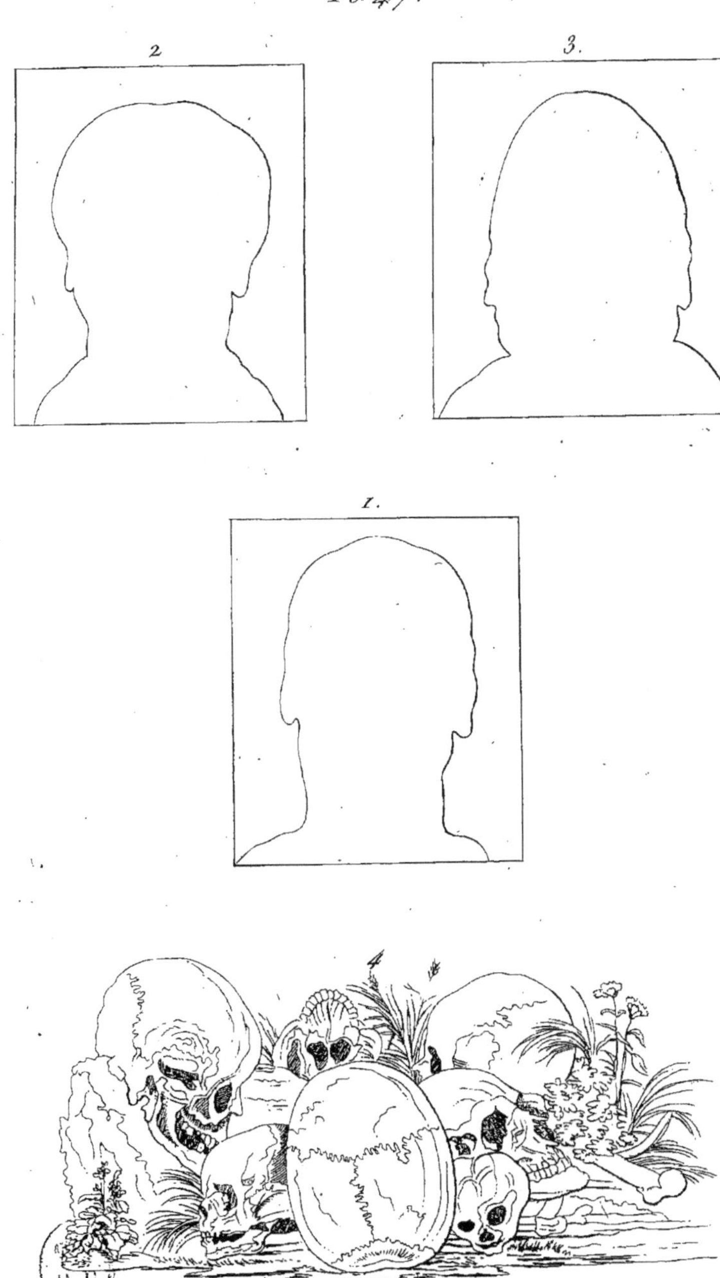

Pl. 47.

Plus nous varierons nos observations sur le corps humain , plus nous étudierons ses contours sous des points de vue différens , mieux nous connaîtrons par leur moyen le caractère et l'esprit de l'homme, et déterminerons les signes externes de ses facultés et de son activité.

Qu'on dessine la figure humaine dans sa grandeur naturelle sous toutes les faces possibles , ne fût-ce même qu'en silhouette ; qu'on l'envisage, ou par devant, ou par derrière , en profil, demi-profil ou quart de profil, je suis sûr qu'on puisera dans ces dessins plusieurs découvertes neuves et importantes, qui conduiront à comprendre la signification universelle de la structure de notre corps.

J'ai suivi la route qui m'a paru la plus simple ; et en faisant entièrement abstraction de la face, j'ai dessiné des têtes que je connais, et dont les caractères diffèrent essentiellement.

Pour cet effet , j'ai choisi trois têtes nues , de facultés très-inégales , et j'ai été singulièrement frappé de leur différence.

La tête n° 1 est celle d'un homme plus assidu au travail que prompt dans l'exécution ; d'un caractère calme, généreux, sensible, ferme et simple , d'une raison solide et d'un génie profond. Sa mémoire n'est pas très-heureuse : il a beaucoup d'esprit ; mais ses saillies sont moins vives que sensées.

La tête n° 2 est celle d'un poète ; mais je n'y aperçois ni le calme de la raison, ni peut-être même le jugement dont on ne saurait se passer pour déterminer et développer les objets avec sagacité.

La tête n° 3 est celle d'un imbécille. Son cou enfoncé, sa forme resserrée, ovale et pointue, forme un ensemble choquant.

. En examinant des têtes sans chevelure, j'ai toujours trouvé qu'il faut placer au premier rang celles qui, vues par derrière, se recourbent en cercle vers le haut : celles dont la forme est aplatie renferment des esprits médiocres ou même faibles; enfin, celles qui se terminent en pointe annoncent une stupidité décidée.

REMARQUE.

Le groupe de crânes , n° 4 , présente une diversité d'expression qu'il est facile de remarquer.

J'appelle jugement la faculté de connaître et de déterminer avec exactitude les signes des rapports et ceux des différences ;

Raison, la faculté de bien connaître les objets euxmêmes, et de distinguer ce qu'ils ont d'analogue ou d'hétérogène.

IDÉE GÉNÉRALE

DU SYSTÈME

DU DOCTEUR GALL,

Et quelques rapprochemens entre ce système et les observations
de Lavater,

PAR LES ÉDITEURS.

Depuis l'époque où Lavater a écrit, les caractères que
le physionomiste peut tirer des diversités de configuration du crâne, ont été observés et étudiés avec beaucoup plus de détail par un habile anatomiste allemand,
M. *Gall*, à qui la nouveauté piquante et la singularité
de ses opinions ont donné depuis quelques années une
célébrité, concentrée d'abord en Allemagne, et parve-
nue aujourd'hui dans toute l'Europe.

Ce nouveau genre de recherches n'a pas seulement
intéressé les savans ou quelques hommes de lettres ; il
a passé de la retraite philosophique et de l'académie
dans les salons, au milieu même des hommes les plus
frivoles ; il a été, il est le sujet de toutes les conversa-
tions, l'objet d'une curiosité active ; et peut-être qu'en
parcourant cet ouvrage, on nous a déjà demandé en
secret : M. *Gall* et Lavater ont-ils quelque chose de
commun ? L'un est-il le continuateur de l'autre ? Par

quels points se ressemblent et diffèrent la nature et la direction de leurs observations et de leurs idées?

Nous croyons devoir répondre ici à ces questions, comparer LAVATER avec le docteur *Gall*, donner au moins une idée générale du gallisme, réservant l'exposition des détails et de l'ensemble de ce système pour un article plus étendu, et spécialement consacré à l'examen impartial des opinions de l'auteur sur le système nerveux, la cause et l'expression des principales différences de l'esprit et des passions.

LAVATER et M. *Gall* diffèrent par leur but, leurs intentions et leurs moyens d'observation; mais ils se rapprochent cependant par plusieurs points et sous plusieurs rapports, puisque tous deux, cherchant également à reconnaître l'intérieur par l'extérieur, l'homme moral par l'homme physique, ont voulu apercevoir et lire les secrets du cœur et les directions de l'esprit dans une langue écrite par la nature même, sur les parties les plus solides de l'organisation. Les autres hommes ne sont guère frappés que de la physionomie en mouvement, de la sensation présente, et des caractères des passions. Dans leurs recherches sur le crâne, LAVATER et M. *Gall* s'occupent de la physionomie en repos, et même d'une sorte de *physionomie passive*. Ils traitent l'un et l'autre cette partie du corps humain, ou sa copie fidèle et en relief, comme un monument qui ne dit rien à l'observateur vulgaire, mais dont les diversités, chez un certain nombre d'individus différens, sont aperçues, interprétées par le physiognomoniste, et peuvent lui faire les plus importantes révélations;

ainsi les différens degrés de courbure d'un front, une légère différence dans la forme de la tête, ont souvent fourni à LAVATER les indications les plus précieuses. M. *Gall* a montré également la plus grande sagacité dans de pareilles observations; et il y a eu à Vienne une époque où chacun, tremblant pour sa tête, craignait les confidences involontaires et les aveux silencieux que l'habile docteur sait obtenir d'une manière si merveilleuse.

Tels sont les rapprochemens que l'on peut établir entre LAVATER et M. *Gall;* les différences sont beaucoup plus nombreuses.

LAVATER a fait entrer dans ses études de la physionomie toutes les parties du visage, et même toutes les parties du corps : les attitudes, les gestes, le son de la voix, le caractère même de l'écriture; enfin, tout ce qui, dans l'extérieur de l'homme, peut avoir une signification et un langage.

Le docteur *Gall* a borné ses observations aux diversités du crâne, et a resserré le champ de l'observation, dans le dessein d'y pénétrer plus avant que tous les physionomistes qui l'ont précédé.

LAVATER jugeait souvent au premier regard; et, dans tous les cas, il interrogeait avec la vue. M. *Gall* fait ses découvertes à l'aide du toucher : les signes dont ses observations lui ont appris la valeur sont en relief, et comme sculptés sur les diverses régions du crâne.

LAVATER et M. *Gall* diffèrent d'ailleurs bien plus l'un de l'autre par le but que par le mode de leurs observations. Le premier rapporte tout à la physionomie,

et ne mêle à ses recherches aucune donnée d'anatomie et de physiologie. Il dira, par exemple : Cette convexité du front, cet arc sourcillier, cette forme du crâne
en général, indiquent ordinairement une disposition
remarquable du cœur ou de l'esprit ; mais il n'essaie
point, physiologiste ou anatomiste téméraire, de trouver la cause matérielle et organique de cette disposition. Il se borne à reconnaître un signe et des effets ;
M. *Gall*, au contraire, veut connaître des causes. On
dirait qu'il s'est appliqué ces beaux vers du *poète philosophe :*

> . . Je veux savoir par quels secrets mystères
> Ce pain, cet aliment dans mon corps digéré,
> Se transforme en un lait doucement préparé ;
> Comment, toujours filtré dans ses routes certaines,
> En longs ruisseaux de pourpre il court enfler mes veines,
> A mon corps languissant rend un pouvoir nouveau,
> Fait palpiter mon cœur et penser mon cerveau.

C'est sur-tout vers le concours du cerveau dans la
pensée, et sur les diversités morales et spirituelles, que
M. *Gall* a porté ses observations.

Après avoir passé une partie de sa vie à disséquer
des cerveaux, il a cru trouver dans leur organisation
les secrets de l'ame humaine ; et à l'extérieur, sur le
crâne, qui est l'enveloppe du cerveau, la révélation
de ces secrets, les signes des dispositions intérieures
d'où résultent les grandes variétés du cœur et de l'esprit, parmi les hommes.

Ces idées sont bien éloignées de celles de LAVATER,
qui peut-être ne vit jamais disséquer un cerveau ; et

dont l'esprit, plus porté aux pieuses exaltations qu'aux
témérités philosophiques, aurait été alarmé de la seule
idée d'une doctrine qui tend à rendre à la physique des
phénomènes et des événemens que les croyances reli-
gieuses attribuent à d'autres lois et à d'autres causes.

Sans partager les opinions de LAVATER, on ne serait
pas éloigné peut-être, même avec tout le courage de
la philosophie, de voir quelque danger dans les conséquences morales du système de M. *Gall.*

Avant cet habile anatomiste, on avait, à la vérité,
mais en vain, cherché le siége de l'ame. Vouloir,
comme il le fait, en découvrir les instrumens particuliers, et attribuer à la bonté ou au défaut de ces instrumens les variétés morales de l'humanité, est une
recherche encore plus indiscrète *que celle du siége spirituel,* et sur-tout plus *dangereuse,* si elle n'était pas
également inutile.

Le matérialisme, que quelques savans ont cru pouvoir adopter, tient à une connaissance si détaillée, des
rapports déliés, délicats, du physique et du moral de
l'homme, et à une contemplation si élevée, si peu ac-
cessible au vulgaire, qu'il n'est guère possible qu'une
semblable opinion puisse se propager et devenir popu-
laire. Il n'en est pas ainsi du matérialisme, que le système du docteur *Gall* tend à établir, à l'insu de l'auteur,
dont nous sommes bien éloignés de vouloir attaquer les
motifs et les intentions.

Les conséquences de ce système, que sa partie *physiognomonique* ne manquerait pas de répandre, si l'on
n'en démontrait point l'erreur et l'inexactitude ; ces

conséquences, que l'homme le moins éclairé peut tirer tout aussi bien que les savans et les sages, conduiraient nécessairement à une indulgence illimitée pour tous les genres de vice ou de crime, ou à une indifférence non moins funeste pour les vertus les plus sublimes et pour les talens les plus distingués. Ainsi, quoique nous soyons très-éloignés de contester l'influence du physique sur le moral; quoique nous reconnaissions même qu'il existe des tempéramens et des modes de constitution organique plus propres aux grands développemens des facultés intellectuelles ou à l'habitude des actions généreuses, cependant nous sommes forcés d'avouer que si chaque modification du cœur ou de l'esprit était regardée comme une faculté distincte et dépendante d'un organe particulier, il n'existerait aucune moralité dans les actions humaines; et que la femme adultère, le voleur, le querelleur, le meurtrier, ne se trouvant tels que par l'empire et le développement de certains organes, pourraient se justifier aisément en accusant la nature.

Pour dissiper ces craintes, que nous ne présentons pas toutefois comme des objections, on répondra sans doute que le mérite de l'ouvrier étant indépendant de la bonté ou des défauts de ses instrumens, les organes particuliers que l'on suppose à l'ame pour l'exercice de ses différentes facultés, ne peuvent faire naître aucun doute sur la liberté ni sur son existence.

Il me semble qu'il y a plus d'adresse que d'exactitude dans cette réponse.

Si j'ai bien entendu le système de M. *Gall*, on pourrait, d'après l'hypothèse qui en fait le principe, comparer l'ame à un habile organiste, et les petits organes dont la réunion forme le cerveau à un assemblage d'instrumens à touche, plus ou moins parfaits, dont *le musicien spirituel* joue séparément ou à-la-fois, selon son désir et sa volonté.

Ainsi, selon cette supposition qui peut paraître piquante et ingénieuse, on admettra que l'ame jouera tantôt de l'ambition, de la vanité ou de la ruse ; et tantôt de l'esprit de comparaison, de différentes perceptions, de la pénétration métaphysique, et avec plus ou moins d'effet, suivant que les instrumens sont meilleurs et plus souvent employés.

M. *Gall* et ses partisans, qui ne veulent point passer pour matérialistes, ne craignent-ils donc pas qu'on leur demande alors où est l'ame qu'ils font agir d'une manière aussi matérielle ? et que, peu satisfait de leur réponse, on ne soit ensuite porté à croire que *les organes de la pensée* pourraient bien agir seuls, à l'exemple des différentes pièces des forges de Vulcain, dont le mouvement, emblème ingénieux de la vie, était spontané et sans cause reconnaissable d'une première impulsion?

Avant M. *Gall*, des recherches profondes, et à-la-fois physiologiques et métaphysiques, ont pu conduire quelques savans à regarder l'ame comme une simple faculté ; mais, ainsi que nous l'avons déjà remarqué, les résultats des méditations et des études de la philosophie sur ces grandes questions, sont comme ensevelis dans les profondeurs de la science, et n'ont pas l'accès facile du matérialisme auquel conduirait l'hypothèse du docteur *Gall*, si elle était fondée sur l'expérience et sur l'observation. ·

Nous prouvons dans un autre article (1) que le gallisme n'est pas établi sur des fondemens aussi solides ; et qu'en appliquant à son examen la méthode avec laquelle Condillac a renversé les hypothèses que les imaginations brillantes de Descartes , de Leibnitz et de Malebranche avaient formées, il est facile de voir que la nouvelle théorie du cerveau, par le docteur *Gall*, n'est pas fondée, ou du moins que ses bases , ainsi que le remarque le professeur Chaussier , ne sont rien moins que certaines et fondées sur l'anatomie.

Il nous suffit d'ajouter ici aux rapprochemens qui précèdent , une idée générale des rapports du gallisme avec la physionomie.

Ces rapports peuvent être regardés comme la troisième partie et la conséquence du système dont le développement complet est offert par M. *Gall* à ses nombreux auditeurs, dans quarante heures de démonstration.

La première partie est toute entière relative à l'anatomie , et fait connaître les points de vue nouveaux et intéressans sous lesquels M. *Gall* considère et analyse le système nerveux.

(1) L'article que nous avons annoncé dans le Discours préliminaire, sur le système de M. *Gall*. On peut consulter en outre les Observations de M. Hufeland , ainsi que la Dissertation que nous avons publiée dans le Moniteur , 1803, et la Décade philosophique et littéraire , même année , sous le titre d'Exposition et Critique du système du docteur *Gall*.

La seconde partie, que l'auteur croit pouvoir rattacher à la première, embrasse des considérations et des hypothèses sur l'action du cerveau dans les phénomènes de la pensée. Là commence le système qui semble fait exprès pour former un contraste avec celui d'Helvétius. En effet, l'auteur du fameux livre de l'Esprit, qui voulait, comme on sait, tout refuser à la nature pour accorder davantage à la puissance de l'éducation, avait cru pouvoir démontrer que, dans tous les hommes, le fond de l'organisation est primitivement uniforme relativement à l'esprit; qu'il ne diffère que par l'effet des causes accidentelles de perfectionnement ou d'altération; et que, suivant les circonstances et les milieux, tout individu bien conformé peut devenir indifféremment un grand poète ou un grand philosophe, un savant profond ou un littérateur aimable.

M. *Gall* ne se borne pas à combattre cette opinion, et à penser, avec les philosophes physiologistes, que les différences dans la nature de l'esprit et des passions dépendent du mode d'organisation; il prétend démontrer que les fonctions intellectuelles et les penchans sont des facultés aussi distinctes que celles de voir et d'entendre; que les sens internes ont des organes particuliers, comme les sens externes; que ces organes des sens intérieurs constituent le cerveau; qu'enfin le crâne offrant à l'extérieur, et comme en relief, l'expression de ce qui se passe au-dedans du cerveau, il suffit de savoir bien tâter quelqu'un à la tête pour savoir à qui l'on a affaire, et reconnaître ainsi les variétés les plus remarquables du cœur et de l'esprit.

Suivant ce système, il faudrait dire mes cerveaux, et non pas mon cerveau, et regarder les reliefs placés à la surface de cet organe, auxquels on donne le nom de circonvolutions, comme autant d'organes séparés, dont l'étendue est constamment en rapport avec celle des parties correspondantes du crâne.

M. *Gall* assigne en conséquence, dans les différens points de la surface cérébrale, un siége distinct et un organe particulier à chaque penchant, à chaque faculté, et sur la surface du crâne un siége également distinct pour l'expression du développement de chaque faculté et de chaque passion.

Convaincu de cette relation intime de l'extérieur et de l'intérieur de la tête, il marque sur la surface du crâne, et avec l'assurance d'un géographe, les diverses régions des différentes fonctions de l'ame, leur étendue respective, leurs rapports que l'on peut comparer, et qu'il prétend reconnaître.

C'est cette exploration extérieure, que l'on peut appeler la partie physionomique de son système. Vraie ou fausse, l'auteur l'applique avec un succès et des résultats qui étonnent ses auditeurs, et qui souvent ont quelque chose d'aussi merveilleux que les prodiges jadis attribués au baquet de Mesmer, et au tombeau du diacre Páris.

Ainsi, en tâtant avec soin une personne à la partie postérieure de la tête, à la région du crâne qui correspond au cervelet, le docteur *Gall,* ou un de ses disciples suffisamment exercé, pourra dire si cette personne est froide ou ardente en amour, faiblement ou vivement excitée par la volupté. Un peu au-dessus de cette région de l'amour physique, il trouvera celle de la tendresse pour la progéniture, dont il pourra également juger la force et l'étendue ; tous les autres points de la surface du crâne offrant, suivant le système de M. *Gall*, des indications analogues, l'art de *tâter* la tête, dans un grand degré de perfection, serait vraiment l'art de connaître les hommes, au point qu'il suffirait à un souverain pour n'être jamais trompé, de faire interroger de cette manière ses ministres, ses généraux, ses ambassadeurs et ses maîtresses (1).

On voit aisément combien ces idées diffèrent de celles de LAVATER. Nous renvoyons d'ailleurs, pour plus de développemens, à l'article particulièrement consacré à l'exposition et à la critique du système de M. *Gall*, sur-tout à l'explication des planches qui sont indispensables pour l'intelligence de ce système. Mais, quoi qu'il en soit de la force et de l'exactitude des preuves employées par M. *Gall*, on doit lui accorder une grande finesse de tact, un coup-d'œil sûr, et une pénétration physionomique à laquelle il paraît qu'il doit les avantages qu'il attribue à son système.

En ne le considérant même que comme physionomiste, on est étonné de la rapidité, presque miraculeuse, et de l'exactitude constante de la plupart de ses

______

(1) Les rédacteurs des Archives littéraires, avec lesquels nous faisons cette remarque, ajoutent qu'à l'aide de la nouvelle théorie de M. *Gall*, un père fera choix avec la plus grande sécurité d'un gendre, et qu'en sacrifiant l'utilité à la bienséance, les époux seront de même en état de se choisir à coup sûr.

jugemens et de ses observations. Sa visite dans les prisons de Berlin et de Spandau , offre un exemple bien remarquable de cette sagacité. Nous croyons faire plaisir à nos lecteurs , et donner une preuve de notre impartialité , en plaçant à la suite de ces considérations générales le rapport de cette visite, inséré dans un journal allemand , appelé *le Sincère ,* et traduit en français par M. Barbeguière , docteur en médecine.

Visite de M. le docteur Gall dans les prisons de Berlin et de Spandau.

« Le rapport que je vais communiquer au public sort de la plume d'un des membres les plus éclairés et les plus distingués de la justice de Berlin. Il m'a été remis pour que je l'insérasse dans ce journal. J'ai cru, d'après son importance , devoir m'empresser de le mettre sous les yeux de mes lecteurs. Je ne nommerai point l'auteur estimable auquel je le dois. Je regrette de n'avoir pas été autorisé à le faire connaître.

Le rédacteur. »

M. le docteur *Gall* avait témoigné le désir de visiter les prisons de Berlin , soit pour prendre connaissance de leurs réglemens et de la manière dont elles sont tenues , soit pour augmenter le nombre de ses expériences par de nouvelles observations faites sur les têtes des prisonniers qu'elles renferment. On lui proposa donc de lui faire voir les prisons de Berlin, la maison de correction de Spandau et la forteresse de Spandau.

C'est par les prisons de Berlin qu'on commença , le 17 avril 1805. Outre les commissaires, directeurs et les officiers subalternes de l'établissement , étaient présens les inquisiteurs de la députation criminelle , les conseillers de justice Thürnagel et Schmitt, l'assesseur Mühlberg, le conseiller Welper, l'assesseur Wunder, le docteur Flemming, le professeur Wildenow, et plusieurs autres personnes.

Lorsque le docteur *Gall* fut instruit des dispositions, des réglemens et de l'économie de la prison, on lui fit voir les criminels et les salles de travail. Environ deux cents prisonniers furent soumis à son examen, sans qu'on l'instruisît d'avance ni de leurs crimes, ni de leur caractère.

Comme la plupart des détenus dans les prisons criminelles sont des voleurs, il était à présumer, d'après la doctrine de M. *Gall*, que l'organe du vol prédominerait parmi les individus qu'on allait examiner. Ce fut en effet ce qui arriva. Les têtes de tous ces voleurs se ressemblaient plus ou moins, quant à la forme. On était frappé au premier coup-d'œil de la manière prodigieuse dont elles s'élargissaient sur les côtés jusque vers le derrière, en commençant un peu au-dessus des sourcils. On observait au-dessus des sourcils un enfoncement (manque de générosité ou avarice). Le front était peu saillant, et le crâne aplati supérieurement (manque d'organes pour les facultés sublimes de l'esprit). Mais c'était sur-tout au toucher qu'on reconnaissait une différence très-grande entre la forme du crâne des prisonniers détenus pour vol, et celle du crâne des prisonniers détenus pour d'autres causes.

La forme qu'affecte ordinairement la tête des voleurs, étonna les assistans, lorsqu'on en mit plusieurs en rang ; mais elle ne fut jamais si évidemment démontrée que lorsque, à la demande de M. *Gall*, on rassembla tous les enfans de douze à quinze ans, arrêtés pour vol. Leurs têtes se ressemblaient si parfaitement qu'on eût pû croire qu'ils étaient tous de la même famille.

M. *Gall* distinguait avec beaucoup de facilité les voleurs très-dangereux de ceux qui l'étaient moins. Il se trouvait toujours exactement d'accord avec les dépositions ou les aveux forcés que contenaient les interrogatoires. Les têtes où l'organe du vol se trouva le plus prononcé, furent celle de Colombus, parmi les voleurs d'un âge mûr ; et celle du petit H...., parmi les enfans. M. *Gall* conseilla de condamner le dernier à une prison perpétuelle. « Cet enfant, dit-il, sera un mauvais sujet toute sa vie. » Il est évident, d'après les interrogatoires, que ces deux prisonniers ont un penchant particulier au vol.

Dans une prison de femmes, qui toutes avaient l'organe du vol, l'inspectrice des travaux se trouva, comme les autres, occupée à tricoter ; elle était vêtue absolument comme les prisonnières qu'elle était chargée de surveiller. A peine M. *Gall* était-il dans la prison qu'il demanda pourquoi cette personne était là. Sa tête est si bien conformée, disait-il, qu'elle n'est pas probablement détenue pour vol. Il distingua aussi, dans beaucoup d'autres cas, des criminels arrêtés pour toute autre cause que pour vol.

On eut lieu souvent d'observer la réunion de l'organe du vol à d'autres organes. Chez un prisonnier, il se trouvait réuni à l'organe de la bonté et de la théosophie : le dernier était le dominant. Le prisonnier fut mis à l'épreuve ; dans tout ce qu'il dit, il montra de l'horreur pour les vols accompagnés de violence, et du penchant pour la religion. Comme on lui demanda ce qu'il trouvait plus coupable, de voler à un pauvre ouvrier tout ce qu'il a, et de le rendre par-là malheureux, ou de piller une église, action qui ne portait tort à personne ? Il répondit qu'il trouvait trop horrible de piller une église, qu'il ne le ferait jamais.

Les têtes de ces prisonniers qui sont impliqués dans le meurtre d'une Juive, arrivé l'année dernière, furent particulièrement recommandées à l'examen de M. *Gall*. Chez le principal meurtrier, Marcus Hirsch, il trouva l'organe de la fermeté très-marqué. La forme du crâne indiquait un esprit dépravé, mais n'avait d'ailleurs rien de remarquable. Sa complice Jeannette Marcus avait une conformation de crâne très-mauvaise, l'organe du vol très-développé, et celui du meurtre très-sensible. Il trouva chez les servantes Benkendorf et Babet, une très-grande légèreté ; et chez la femme Marcus Hirsch, une forme de tête insignifiante. Tout ce qui a été dit du caractère de ces prisonniers, s'accorde parfaitement avec tout ce qui est contenu dans les pièces du procès.

On présenta au docteur *Gall* le prisonnier Fritze, soupçonné d'avoir tué sa femme, et qui probablement a commis ce crime, quoiqu'il résiste à toutes les preuves dirigées contre lui. M. *Gall* lui trouva de la ruse et de la fermeté; qualités qu'on lui a reconnues au plus haut degré dans les interrogatoires qu'il a subis.

Dans le tailleur Maschke, arrêté pour avoir fabriqué de la fausse monnaie, et dont le crime a dévoilé le génie pour les arts mécaniques, M. *Gall*, sans connaître d'avance de quel crime cet homme s'était rendu coupable, a trouvé l'organe de l'aptitude aux arts très-prononcé, et une tête si bien organisée qu'il a déploré plusieurs fois le sort de cet infortuné. Il paraît en effet avoir un bon cœur, et être très-expert. M. *Gall* a aussi découvert, au premier coup-d'œil, l'organe dont nous venons de parler chez un prisonnier nommé Tropp. Il est cordonnier, mais il a appris sans maître le métier d'horloger. Il gagnait son pain en raccommodant des montres, et à l'aide d'autres spéculations. En regardant de plus près la tête de Tropp, M. *Gall* trouva l'organe de représentation, de l'imitation, propre aux comédiens, assez fortement prononcé : observation frappante, puisque le crime de Tropp est d'avoir extorqué une somme d'argent considérable, en jouant le rôle d'un officier de police. M. *Gall* observa qu'il devait avoir aimé, dans sa jeunesse, à faire des plaisanteries; il en convint; et comme M. *Gall* disait aux assistans : « Si cet homme s'était lié avec des comédiens, il se serait fait acteur; Tropp, tout étonné de la manière exacte avec laquelle M. *Gall* découvrait ses penchans, dit qu'en effet il avait été long-temps comédien d'une troupe ambulante ; circonstance que l'informateur ne connaissait pas lui-même.

M. *Gall* trouva que la tête du malheureux Heisig, qui, dans l'ivresse, a étranglé son ami, était bien conformée. Il ne découvrit chez lui qu'une très-grande légèreté (absence de l'organe de la circonspection). Il rencontra chez plusieurs prisonniers les organes du calcul, des langues, des couleurs. Il suffit de les interroger pour voir qu'ils étaient en effet doués des dispositions attachées à ces mêmes organes. Les uns parlaient plusieurs langues; d'autres calculaient de tête fort bien; d'autres enfin avaient un goût particulier pour les habits bigarrés, les fleurs, les tableaux.

Le samedi 20 avril, toute la société qui avait visité avec M. le docteur *Gall* les prisons de Berlin, se rendit avec lui à Spandau. Elle était encore plus nombreuse que la première fois : on y voyait entre autres M. le conseiller-privé Hufeland, M. le conseiller de la chambre de justice Albereckt, M. le conseiller-privé Kols, M. le professeur Reich, M. le docteur Meyer, etc. Quatre cent soixante-dix têtes furent observées dans la maison de correction et dans la forteresse. On trouva qu'elles ressemblaient toutes, plus ou moins, quant à la forme, à celles qui avaient été examinées dans les prisons de Berlin. La plupart des prisonniers étaient en effet des voleurs.

Environ cinq cents voleurs, dont la plupart s'étaient rendus souvent coupables du même crime, avaient donc été soumis à l'examen du docteur *Gall ;* et chez tous on remarquait la conformation de tête, que ce médecin assigne comme indice du malheureux penchant au vol. Cette disposition perçait même très-souvent à travers leurs discours. Leurs crimes, la plupart du temps, ne paraissaient pas leur faire de peine; ils semblaient, au contraire, goûter un plaisir secret en en parlant.

Toute la matinée fut employée à visiter la maison de correction, et à examiner les prisonniers. Les plus remarquables furent conduits dans la chambre de conférence, et soumis à l'examen plus particulier de M. *Gall*, tantôt seuls, tantôt réunis en certain nombre. On eut encore occasion d'observer l'organe du vol, réuni à d'autres organes.

Chez Kunisch, fameux voleur, maître menuisier à Berlin, condamné à la prison jusqu'à ce qu'on lui fasse grace, pour avoir, de concert avec plusieurs autres mauvais sujets, commis des vols avec effraction, M. *Gall* aperçut au premier coup-d'œil l'organe du calcul très-développé, celui des arts, une très-bonne conformation du crâne, mais en même temps l'organe du vol fortement prononcé. A peine le vit-il qu'il dit: « Celui-ci est un artiste, un mathématicien ; il a une bonne tête ; il est dommage que ce soit un mauvais sujet. » En effet, Kunisch excelle dans les travaux mécaniques, au point qu'on l'a fait inspecteur des machines de filerie, et qu'on lui en a confié les réparations. M. *Gall* demanda à Kunisch s'il savait compter ? Comment pourrais-je sans cela monter, dresser un ouvrage ? répondit Kunisch en riant.

Les organes du vol, de la théosophie, et sur-tout de l'amour pour les enfans, se trouvèrent chez une vieille voleuse, arrêtée pour la seconde fois. Comme on lui demandait la cause de sa détention, elle répondit qu'elle avait volé; qu'elle remerciait cependant tous les jours le Créateur de lui avoir accordé la grace de la conduire dans cette maison ; qu'en ceci on voyait clairement combien les moyens qu'emploie quelquefois la Providence sont étonnans ; qu'elle n'aimait rien tant que ses enfans, qu'elle n'avait pu élever d'une manière convenable ; que sa détention les ayant fait recevoir dans la maison des Orphelins, ils y recevraient une bonne éducation qu'elle n'aurait pu leur donner.

L'organe de la légèreté se trouva fréquemment joint à celui du vol. Ce fut sur-tout le cas chez une voleuse déjà punie plusieurs fois (Müller, née Sulzberg), dont la tête présentait aussi l'organe de la vanité démesurée, très-développé. Elle ne voulut pas, à la vérité, avouer qu'elle aimait la toilette, pensant bien que cet orgueil ne convenait pas à sa position ; mais sa compagne attesta hautement qu'elle était toujours occupée de ses ajustemens.

Chez le prisonnier Albert, M. *Gall* trouva, avec l'organe du vol, celui de l'élévation (qui est aussi celui de l'orgueil). M. *Gall* lui dit : « N'est-il pas vrai que tu veux toujours être le premier et te distinguer ? Tu pensais déjà comme cela lorsque tu n'étais encore qu'un jeune garçon. Ne conduisais-tu pas tous les jeux ? » Albert répondit que oui. Il se distingue en effet encore de tous les prisonniers par son esprit de domination et d'insubordination. Comme militaire, des châtimens sévères ne pouvaient pas le contenir ; et à présent encore, on est constamment obligé de lui infliger quelque punition.

M. *Gall* distinguait, comme nous l'avons dit plus haut, au premier abord les prisonniers qui n'étaient pas détenus pour

vol. Parmi les femmes qu'on lui présenta, se trouva Regine Doring, meurtrière de son enfant, enfermée pour toute sa vie ; elle
ne témoigne pas sur son crime le repentir qu'on devrait éprouver
en pareil cas : elle paraît là-dessus tout-à-fait insensible, et se
promène même dans la chambre d'un air tranquille et serein.
M. *Gall* dit au docteur Spurzheim de faire attention à cette personne, et lui demanda s'il ne trouvait pas qu'elle eût la tête
conformée comme sa jardinière de Vienne, qu'il avait soin de
faire venir à ses leçons, pour prouver qu'il existe un organe du
meurtre. L'organe du meurtre est extraordinairement développé
chez Regine Doring. L'endroit du derrière de la tête où se déve-
loppe l'organe de la tendresse pour les enfans, ne présente absolument aucune élévation. Ceci s'accorde tout-à-fait avec le caractère de cette meúrtrière, avec l'interrogatoire qu'elle a subi, et
avec les dépositions qu'on a faites contre elle ; non-seulement elle
a mis au monde plusieurs enfans dont elle s'est débarrassée en
secret, mais encore elle a, en dernier lieu, tué et exposé son
enfant déjà âgé de quatre ans. Elle eût été condamnée à mort, si
le *corpus delicti* avait été assez prouvé : elle est condamnée à la
prison perpétuelle.

M. *Gall* avait déjà eu occasion de faire voir, sur une des personnes de la société qui assistait à ses observations, et qui est
très-bonne musicienne, une des manières dont l'organe des tons
peut se développer, et qui consiste en une saillie au-dessous de
l'angle externe des yeux. Dès qu'on lui présenta le prisonnier
Kunow, il dit aussitôt : « Voyez ici la seconde manière dont l'organe des tons se manifeste. Ce prisonnier a, comme Mozart,
de chaque côté de la tête, l'élévation pyramidale, et se dirigeant
vers la partie supérieure du crâne, qui caractérise la disposition
et le talent pour la musique. » Kunow avoua qu'il aimait avec
passion la musique, qu'il l'avait apprise avec une grande facilité.
Les pièces de son interrogatoire disent en effet que c'est comme
musicien qu'il a gagné une partie de ce qu'il possède, et qu'il
avait formé en dernier lieu le projet de donner des leçons à Berlin.
M. *Gall* demanda quel était donc le crime de cet homme ? On ne

voulut pas lui dire, en présence de tant de monde, qu'après une jeunesse passée dans les plus grands débordemens, Kunow avait été condamné à être enfermé pour crime de pédérastie. On lui promit seulement de satisfaire, dans un autre temps, à sa question. Cependant M. *Gall* tâta la tête de Kunow, et s'écria, dès qu'il eut remarqué l'élévation réellement monstrueuse de l'organe de l'amour physique : « C'est sa nuque qui l'a conduit dans cette prison ; » et en faisant voir que l'organe de la circonspection manquait tout-à-fait : « Maudite légèreté ! » dit-il.

On visita après dîner la forteresse. Le commandant, M. le major de Benkendorf, pour faciliter à M. *Gall* son examen, fit mettre tous les prisonniers en rang sur la place. C'étaient aussi les organes de la ruse et du vol qui dominaient chez ces malheureux, et souvent d'une manière surprenante ; de sorte qu'on pouvait distinguer facilement au premier coup-d'œil, le criminel qui était détenu pour toute autre cause que pour cause de vol.

On fixa entre autres, l'attention de M. *Gall* sur Raps, chez lequel on découvre l'organe du vol, dès le premier instant qu'on observe sa tête. Ce médecin trouva associés à ce dernier organe, ceux du meurtre et de la bonté. Le trait suivant va prouver jusqu'à quel point le tableau qu'il mettait sous les yeux de ceux qui l'entouraient, était vrai. Raps voulant dépouiller une femme de ce qu'elle possédait, et craignant que ses cris ne missent des obstacles à l'accomplissement de son projet, lui a passé une corde autour du cou, dans l'intention de l'étrangler ; mais en se retirant il a, par un sentiment de pitié, lâché la corde, et rendu par-là la vie à celle qu'il avait volée.

M. *Gall* trouva au jeune garçon Brunner les organes du vol, de la mémoire locale, des arts, de l'élévation. Il rencontrait encore très-juste. Brunner a volé plusieurs fois, a été souvent mis en prison, n'a jamais eu de demeure fixe, s'est échappé des maisons de correction où on l'enfermait, a déserté comme soldat ; enfin il a été très-souvent accusé d'insubordination, de désobéissance envers ses supérieurs, et c'est pour s'être révolté contre eux qu'il va de nouveau être puni. Il est, au reste, d'une adresse rare pour tous les ouvrages de main : il en montra de carton qui étaient très-jolis, et qu'il avait faits dans sa prison, lieu bien peu favorable à l'industrie.

On eut lieu aussi d'observer chez quelques individus, l'organe du calcul ; et il était toujours acccompagné d'une grande facilité à compter de tête : il n'était plus permis de douter, après les épreuves qu'on leur fit subir.

Il se trouvait parmi les voleurs deux paysans (père et fils). On vit de suite que leur tête n'était pas conformée comme celle des autres. M. *Gall* toucha leur crâne, et sentant l'organe de l'élévation très-développé : « Ceux-ci, dit-il, ne voulaient pas se laisser gouverner, mais bien gouverner eux-mêmes, ou ne reconnaître aucune subordination. » Lorsque l'on demanda pourquoi ces paysans étaient détenus, on apprit que c'était parce qu'ils avaient manqué de respect à leurs supérieurs.

M. le docteur *Gall* trouva chez un prisonnier, autrefois soldat, l'organe du vol prononcé. C'était pour cause d'insubordination qu'il était renfermé ; mais on apprit qu'il avait été souvent puni au régiment pour avoir volé. (*Extrait de l'ouvrage précité, depuis la page* 129 *jusqu'à la page* 142.)

Tous les témoignages de l'admiration et de la bienveillance furent d'ailleurs prodigués à M. *Gall* pendant son séjour à Berlin. Les deux plus habiles graveurs de cette ville ont exécuté chacun une médaille en son honneur. La meilleure, dit-on, est celle de M. Loos, qui représente le docteur, avec une inscription allemande dont le sens est : Hardi dans la recherche, modeste dans l'affirmation.

Le revers offre une tête de mort que l'on dévoile.

Voyages du docteur Gall. — De ses admirateurs et de ses adversaires.

M. *Gall* a fait plusieurs autres voyages avec le même

succès, et traînant après lui, et à grands frais, son muséum *céphaloscopique*. Après avoir fait deux cours à Leipsick, il est arrivé à Dresde le 14 juin, et a donné des leçons depuis le 17 jusqu'au 29. Les personnes les plus distinguées de la cour et de la ville sont venues l'entendre. Il exposa ses idées avec quelques modifications, et on assure qu'il lui fut défendu de recevoir des femmes parmi ses souscripteurs. De Dresde il passa à Torgau, de Torgau à Halle, et de cette dernière ville à Jena, où il eut parmi ses auditeurs la duchesse Anne-Amélie de Saxe-Weimar, accompagnée du célèbre Wiéland.

M. *Gall* a séjourné depuis à Gottingue et à Hambourg : il s'est fait par-tout des partisans et des admirateurs.

Ses observations anatomiques, ses vues sur le système nerveux, ont intéressé les hommes les plus instruits, tels que Loder, Reil, Hufeland ; et la sagacité, la finesse de ses recherches physiognomoniques, ont séduit et amusé les gens du monde. Placées ainsi entre des observations qui éclairent, et des aperçus qui éblouissent, la partie hypothétique, les opinions qui sont l'essence du gallisme, ont passé sans être arrêtées ; et ce n'est qu'en les dégageant de ce mélange, qui en a imposé aux observateurs les plus éclairés, que l'on peut les attaquer avec avantage.

M. Hufeland n'a donné son assentiment qu'avec des restrictions et des remarques que nous ferons connaître dans une autre partie de cet ouvrage.

Le célèbre anatomiste Walter est regardé comme

l'antagoniste le plus violent de M. *Gall;* mais il l'a attaqué avec plus de chaleur que de moyens. Le professeur Osiander, de Gottingue, s'est aussi montré peu favorable au gallisme. Aucun savant français un peu connu, ne lui a donné publiquement son assentiment; et il est probable que si M. *Gall* vient en France, il y verra ses observations anatomiques appréciées, et son système attaqué avec décence, avec mesure, mais d'une manière qui rendra la défense bien difficile.

III.

DE LA TÊTE, DE LA FACE ET DU PROFIL.

LA tête de l'homme est de toutes les parties du corps la plus noble et la plus essentielle ; elle est le siége principal de l'esprit, le centre de nos facultés intellectuelles. Cette proposition est vraie dans tous les sens, et peut se passer de preuves. Le visage de l'homme serait significatif quand même le reste de son extérieur ne le serait pas, et la forme et les proportions de sa tête suffiraient pour le faire connaître.

Une tête qui est en proportion avec le reste du corps, qui paraît telle au premier abord, et qui n'est ni trop grosse ni trop petite, annonce, toutes choses d'ailleurs égales, un caractère d'esprit beaucoup plus parfait qu'on n'en oserait attendre d'une tête disproportionnée. Trop volumineuse, elle indique presque toujours une stupidité grossière ; trop petite, elle est un signe de faiblesse et d'ineptie.

Quelque proportionnée que soit la tête au corps, il

faut encore qu'elle ne soit ni trop arrondie, ni trop
alongée; plus elle est régulière, et plus elle est parfaite.
On peut appeler bien organisée celle dont la hauteur
perpendiculaire, prise depuis l'extrémité de l'occiput
jusqu'à la pointe du nez, est égale à sa largeur horizontale. Quant au visage, je commence d'abord par le
diviser en trois parties, dont la première s'étend depuis
le front jusqu'aux sourcils; la seconde, depuis les sourcils jusqu'au bas du nez; la troisième, depuis le bas
du nez jusqu'à l'extrémité de l'os du menton. Plus ces
trois étages sont symétriques, plus leur symétrie est
frappante au premier coup-d'œil, et plus on peut
compter sur la justesse de l'esprit et sur la régularité
du caractère en général. Dans un homme extraordinaire, il est rare que l'égalité de ces trois divisions soit
fort apparente; on la retrouvera cependant toujours du
plus au moins dans presque tous les individus, pourvu
qu'en mesurant les dimensions on se serve, non d'une
règle, mais d'un instrument plus flexible, qu'on puisse
appliquer immédiatement sur le visage.

Voici les principes les plus essentiels qui doivent diri-
ger le physionomiste dans l'étude du visage. Il faut, 1° le
comparer avec les proportions du corps entier; 2° voir
s'il est ovale, rond ou carré, ou s'il est d'une forme
heureusement mélangée; 3° l'examiner d'après les rapports perpendiculaires des trois divisions que nous
avons adoptées; 4° d'après l'expression et l'énergie des
traits principaux, tels qu'ils se présentent à une certaine distance; 5° d'après l'harmonie des traits proprement dits; 6° d'après le dessin, la flexion et les nuances

de quelques traits particuliers ; 7° d'après les lignes qui forment les contours extérieurs du visage pris de trois quarts ; 8° d'après la courbure et le rapport de ses parties, vues en profil. De plus, si vous considérez le visage du haut en bas, si vous le tournez encore de manière que vous en aperceviez simplement le contour extérieur de l'os de l'œil et de l'os de la joue, les règles de la physiognomonie vous feront faire des découvertes étonnantes, au moyen desquelles vous parviendrez à déterminer le caractère primitif. Au reste, je l'ai déjà dit, l'originalité et l'essence du caractère reparaissent plus distinctement et plus positivement dans les parties solides et dans les traits fortement dessinés ; tandis que les dispositions habituelles et acquises se remarquent plus communément dans les parties molles, sur-tout dans le bas du visage, et au moment de l'action.

S'agit-il d'un visage dont l'organisation est ou extrêmement forte, ou extrêmement délicate, le caractère peut être apprécié bien plus facilement par le profil que par la face. Sans compter que le profil se prête moins à la dissimulation, il offre des lignes plus vigoureusement prononcées, plus précises, plus simples, plus pures, et par conséquent la signification en est aisée à saisir ; au lieu que très-souvent les lignes de la face en plein sont assez difficiles à démêler et à déchiffrer.

Le visage pris de trois quarts présente deux contours différens, qui, l'un et l'autre, sont très-expressifs aux yeux du physionomiste tant soit peu exercé.

Un beau profil suppose toujours l'analogie d'un caractère distingué ; mais on trouve mille profils qui,

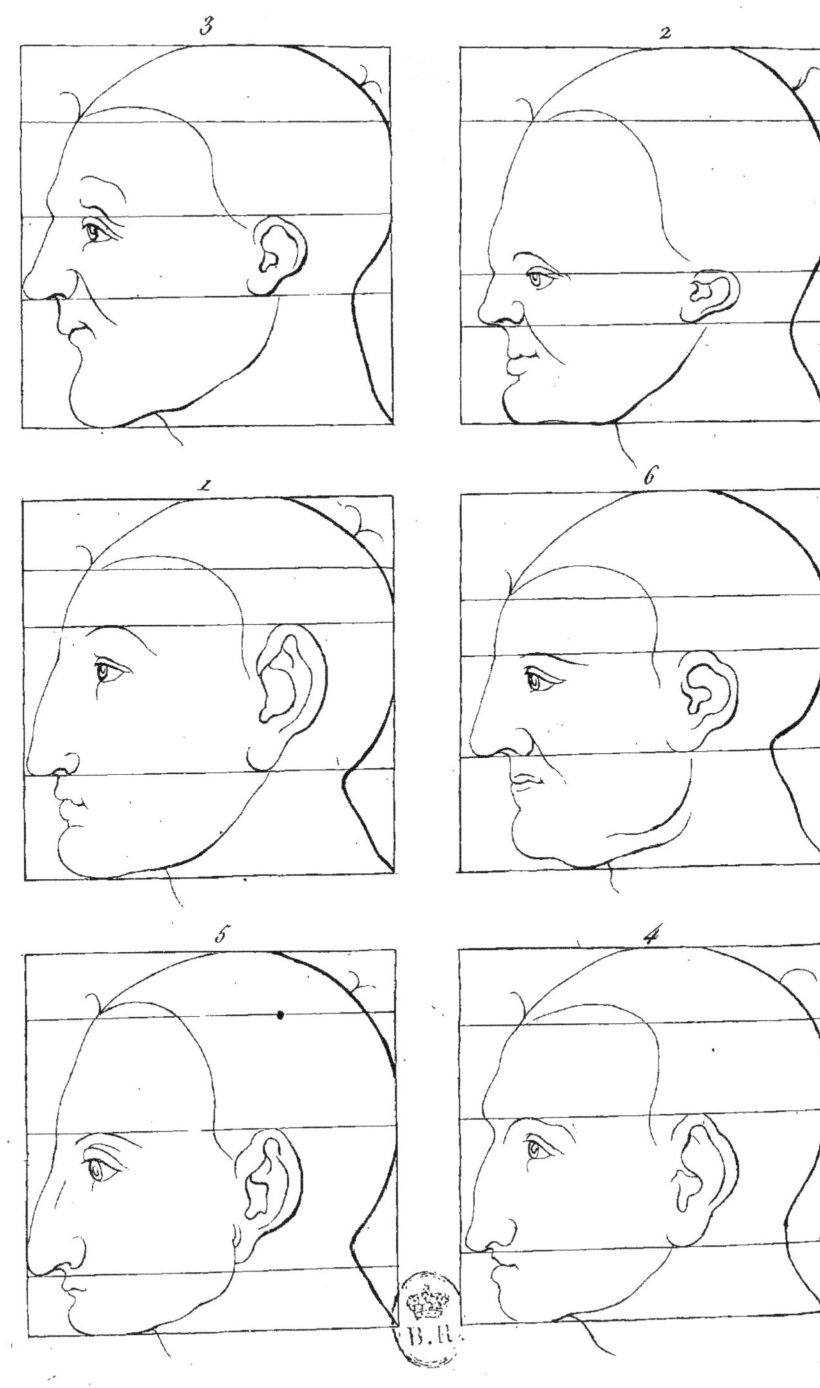

3
2
1
6
5
4

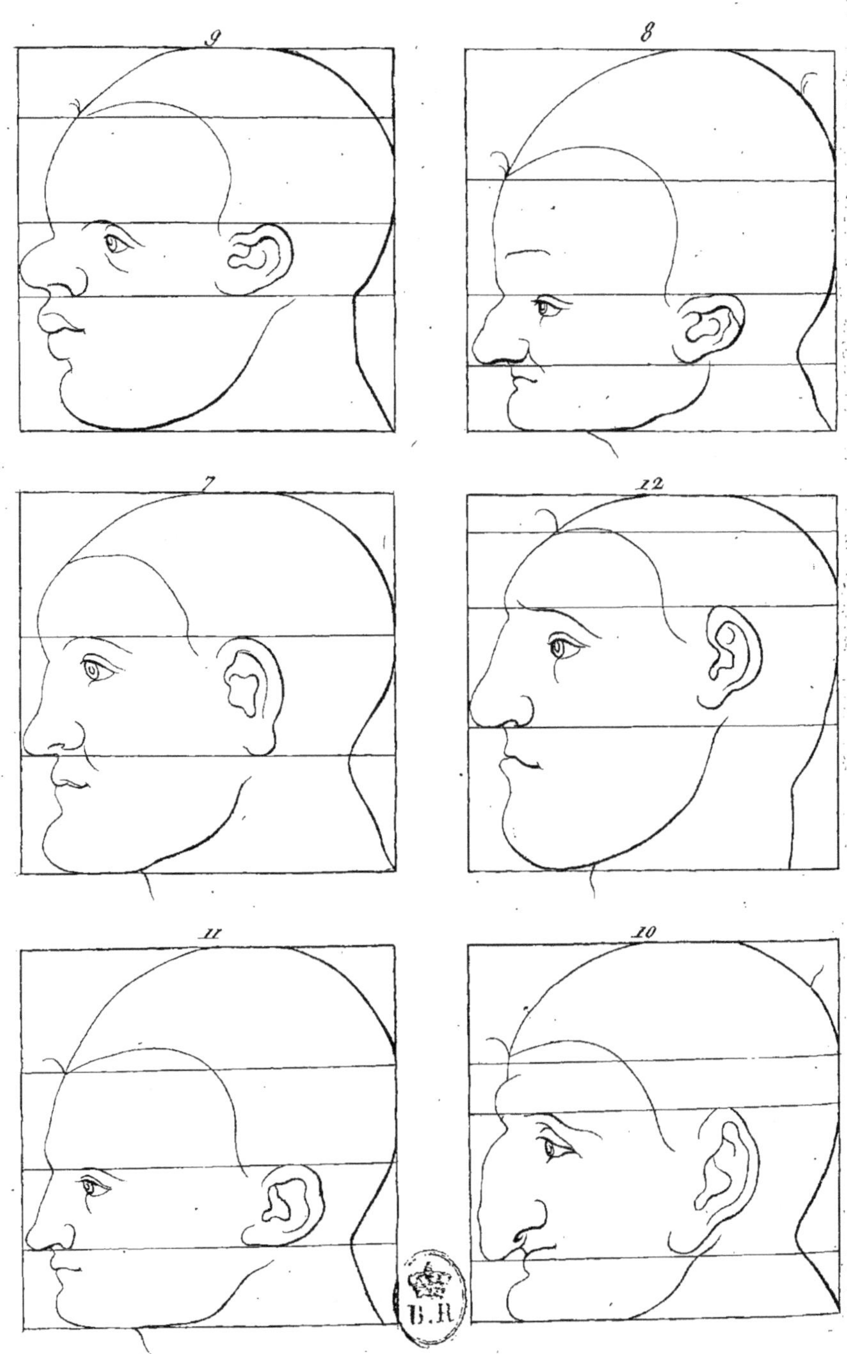

Pl. 49.
9
8
7
12
11
10

sans être beaux, peuvent admettre la supériorité du caractère.

La disproportion des parties du visage influe sur la constitution physiologique de l'homme ; elle décide de ses imperfections morales et intellectuelles. De tous les profils des deux planches ci-jointes, y en a-t-il un seul qu'on puisse appeler régulier ou agréable ? un seul dont on puisse attendre la moindre chose ? un seul dont vous voudriez faire votre époux, votre ami, votre conseil ? et l'anti-physionomiste le plus acharné, l'esprit de contradiction le plus entêté, osera-t-il dire que ce sont là des physionomies nobles, distinguées et spirituelles ? Non assurément, et la raison en est claire ; c'est qu'elles s'écartent toutes des proportions ordinaires, et qu'un tel écart produit nécessairement des formes et des traits rebutans.

Nous avons établi trois divisions pour le visage : la première, depuis le front jusqu'aux sourcils ; la seconde, depuis les sourcils jusqu'à l'extrémité du nez ; et la troisième, depuis l'extrémité du nez jusqu'à la pointe du menton. On peut adopter une quatrième section, depuis le sommet de la tête jusqu'à la racine des cheveux qui bordent le front. Dans toutes les têtes des deux planches ci-jointes (1), les disproportions sont frappantes, et par conséquent les effets qui en résultent le sont aussi. Si la première section a trop d'étendue, comme le n° 10 (2ᵉ planche), la seconde doit être naturellement trop courte, et, lorsque celle-ci est encore trop alongée, ce

____

(1) Elles sont tirées de l'*Anthropométrie* d'Albert Durer.

sera infailliblement aux dépens des deux sections infé-
rieures, comme on peut s'en convaincre par les profils
2, 8 et 9. Plus la disproportion est choquante dans l'une
des parties du visage, et plus elle se fera sentir dans
toutes les autres. Les n°s 4, 5, 8, 9 et 10 en offrent
des preuves.

Il me reste encore quelques observations à ajouter.
Pas une seule de ces douze têtes ne se retrouvera dans la
réalité, dussiez-vous les chercher entre dix mille. Tout
au plus, et par une extrême singularité, il peut y avoir
un visage qui ait une espèce de ressemblance avec le 1,
ou, ce qui serait encore plus rare, avec le 3; le bas du
2 aussi pourrait, à la rigueur, avoir son pareil; mais
les originaux de 4, 5, 8, 10, 12, n'existent certainement nulle part. Si la nature a fourni le modèle de la
partie inférieure du 6, jamais pourtant elle n'y aura
associé le haut. Le 7 rentre davantage dans l'ordre des
êtres possibles. Le 9, s'il végète quelque part, présente
l'idéal d'une sensualité léthargique, d'une véritable
machine; mais, dans cet état abject même, il tient encore à l'humanité, et diffère essentiellement de toute
conformation animale. Le 10 est une caricature effroya-
ble, quoique assez homogène en elle-même; quelque
monstrueux que soit le nez, il n'a cependant rien de la
brute, et la physionomie conserve une sorte de caractère, qu'il y aurait moyen peut-être de déterminer, en
le bornant à un objet unique. La bêtise assommante
du 12, et en général la stupidité de toutes les autres,
proviennent non-seulement du vide, du défaut de muscles et de l'incohérence qu'on remarque dans l'ensemble,

mais aussi de l'alongement excessif des sections infé-
rieures, et du raccourcissement de celles du haut; ce
qui déprime encore ce caractère, c'est ce long menton
émoussé et dénué de toute énergie. La même expression reparaît dans le menton 3, mais dans un moindre
degré. Supposé que les autres profils pussent admettre
un caractère, le 5 indiquerait le comble de la poltron-
nerie et de la maladresse; le 8, une avarice sordide;
le 11, la plus choquante pédanterie.

I V.

DU FRONT.

J'étais presque tenté d'écrire tout un volume, uniquement sur le front, cette partie du corps qu'on a appelée avec raison la porte de l'ame, le temple de la pudeur, *animi januam, templum pudoris*. Tout ce que j'en pourrais dire ici est ou trop, ou trop peu. Je me contenterai d'insérer dans le texte les observations qui m'appartiennent en propre ; et j'indiquerai avec des guillemets plusieurs passages extraits des auteurs qui ont traité ce sujet avant moi. Ces citations feront voir combien tous mes prédécesseurs se sont copiés les uns les autres ; combien leurs raisonnemens sont vagues et contradictoires, leurs décisions dures et inconséquentes. Si je m'arrête de préférence au front, c'est, premièrement parce que, de toutes les parties du visage, il est la plus importante et la plus caractéristique, celle qui prête le plus à nos observations, celle que j'ai étudiée avec le plus de soin, et que par conséquent je possède assez pour apprécier et pour rectifier les jugemens qu'on en a portés. En second lieu, parce que c'est la partie dont les anciens physionomistes se sont le plus occupés. Quand on aura lu ce chapitre, on connaîtra à-peu-près tout ce qui a été écrit de physiognomonique sur cette matière. Seulement j'ai laissé de côté les rêveries que les chiromanciens et les métoposcopistes ont débitées sur les lignes du front. Je ne dis pas cependant que ces

lignes soient absolument sans caractère et sans signification, ni qu'elles ne puissent être fondées sur quelque
cause immédiate, et fournir certains indices; mais
aussi voilà tout; et, loin d'influer sur le sort de l'homme,
comme le prétendent les métoposcopistes, elles n'annoncent, à mon avis, que la mesure de sa force ou de
sa faiblesse, de son irritabilité ou de sa non irritabilité,
de sa capacité ou de son incapacité. C'est donc tout au
plus dans ce sens qu'elles peuvent servir à faire deviner
le sort futur de l'homme, à-peu-près comme la grandeur ou la médiocrité de sa fortune peut nous faire con-
jecturer la condition à laquelle il est destiné.

Je commence par mes propres observations.

La partie osseuse du front, sa forme, sa hauteur, sa
voûte, sa proportion, sa régularité ou son irrégularité,
marquent la disposition et la mesure de nos facultés,
notre façon de penser et de sentir. La peau du front,
sa position, sa couleur, sa tension ou son relâchement,
font connaître les passions de l'ame, l'état actuel de
notre esprit; ou, en d'autres termes, la partie solide
du front indique la mesure interne de nos facultés; et
la partie mobile, l'usage que nous en faisons.

La partie solide reste toujours ce qu'elle est, quand
même la peau extérieure se ride; quant aux rides, elles
varient suivant la constitution osseuse. Celles d'un front
aplati sont différentes de celles d'un front voûté, de
sorte qu'en les considérant d'une manière abstraite,
elles peuvent nous faire juger de la forme du front, et
réciproquement on pourra déterminer, d'après cette
forme, les rides qu'elle doit produire. Tel front n'admet

que des rides perpendiculaires ; elles seront exclusivement horizontales dans un second, arquées dans un
troisième, mêlées et compliquées dans un quatrième.
Les fronts les plus unis et qui ont le moins d'angles,
sont ordinairement ceux dont les rides sont les plus
simples et les plus régulières.

Sans nous arrêter davantage à cette digression, venons
à l'essentiel. Il s'agit d'examiner le dessin, le contour
et la position du front; c'est là précisément ce que tous
les physionomistes anciens et modernes n'ont pas assez
approfondi.

La planche que j'insère ici offre une simple esquisse
des formes et des positions les plus ordinaires du
front.

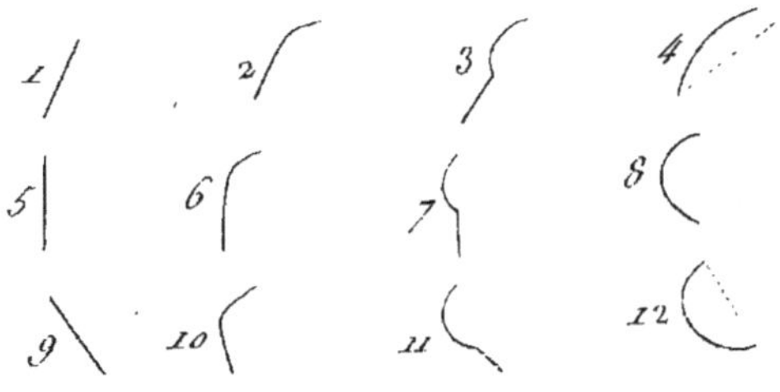

Les fronts, vus de profil, peuvent se réduire à trois classes générales : ils sont ou penchés en arrière, ou perpendiculaires, ou proéminens. Chacune de ces classes admet une infinité de subdivisions, qu'il est aisé de distinguer par espèces, et dont voici les principales :

1 Les fronts en lignes droites ; 2, ceux dont les lignes indécises se confondent ; 3, ceux dont les lignes moitié courbes, moitié droites, se coupent ; 4, les fronts à lignes courbes simples ; 5, ceux à lignes courbes, doubles ou triples.

Établissons maintenant quelques observations particulières.

1. Plus le front est alongé, plus l'esprit est dépourvu d'énergie et manque de ressort.

2. Plus il est serré, court, compacte, plus le caractère est concentré, ferme et solide.

3. Les contours arqués et sans angles décident de la douceur et de la flexibilité du caractère ; au contraire, celui-ci aura de la fermeté et de la roideur, à proportion que les contours du front seront droits.

4. Une perpendicularité complète, depuis les cheveux jusqu'aux sourcils, est le signe d'un manque total d'esprit.

5. Une forme perpendiculaire, qui se voûte insensiblement par le haut, comme le n° 6 de la vignette ci-contre, annonce un esprit capable de beaucoup de réflexion, un penseur rassis et profond.

6. Les fronts proéminens, tels que 9, 10, 11 et 12, appartiennent à des esprits faibles et bornés, et qui ne parviendront jamais à une certaine maturité.

7. Penchés en arrière, comme 1, 2, 3, 4, ils indiquent en général de l'imagination, de l'esprit et de la délicatesse.

8. Lorsqu'un front arrondi et saillant par le haut, descend en ligne droite vers le bas, et qu'il présente dans l'ensemble une forme perpendiculaire, à-peu-près comme le 7, on peut compter sur un grand fonds de jugement, de vivacité et d'irritabilité; mais en même temps il faut s'attendre à trouver un cœur de glace.

9. Les fronts à lignes droites, et qui sont placés obliquement, sont aussi la marque d'un caractère vif et bouillant.

10. Le front arqué du n° 4 semble appartenir à une tête de femme, et promet un esprit clairvoyant. (J'évite de dire un esprit penseur, parce que je n'aime pas à faire usage de ce terme en parlant du sexe féminin. Les femmes les plus raisonnables sont peu ou point capables de penser; elles aperçoivent les images, elles savent les saisir et les enchaîner, mais elles ne vont guère plus loin, et tout ce qui devient abstrait n'est pas de leur compétence.) Le contour 8 est d'une bêtise insupportable. Le 12 est le comble de la faiblesse et de la stupidité.

11. Pour constituer un caractère parfait de sagesse, il faut une heureuse association de lignes droites et de lignes courbes, et en outre une heureuse position du front. L'association des lignes est heureuse, lorsqu'elles se confondent imperceptiblement; et j'appelle une heureuse position du front, celle qui n'est ni trop perpendiculaire, ni trop penchée, dans le goût du n° 2.

12. J'oserais presque adopter comme un axiome physiognomonique, qu'il y a le même rapport entre les
droites et les courbes, considérées comme telles, qu'entre
la force et la faiblesse, entre la roideur et la flexibilité,
entre le sens et l'esprit.

13. Voici une observation qui ne m'a jamais trompé.
Lorsque l'os de l'œil est saillant, vous avez le signe
d'une aptitude singulière aux travaux de l'esprit, d'une
sagacité extraordinaire pour les grandes entreprises.

14. Mais, sans cet angle saillant, il y a des têtes ex-
cellentes, qui n'en ont que plus de solidité, lorsque le
bas du front s'affaisse, comme un mur perpendiculaire,
sur des sourcils placés horizontalement, et qu'il s'arrondit et se voûte imperceptiblement des deux côtés vers
les tempes.

15. Des fronts perpendiculaires qui avancent, et qui,
sans reposer immédiatement sur la racine du nez, sont
ou étroits et plissés, ou courts et unis, présagent infailliblement peu de capacité, peu d'esprit, peu d'imagination, peu de sensibilité.

16. Les fronts chargés de beaucoup de protubérances
anguleuses et noueuses, sont la marque certaine d'un
esprit bouillant, que son activité emporte et que rien
ne peut modérer.

17. Regardez toujours comme signe d'une droite et
saine raison, et d'une bonne complexion, tout front
qui présente dans son profil deux arcs proportionnés,
dont celui du bas avance.

18. J'ai toujours reconnu une grande élévation d'esprit et de cœur, à ceux qui ont l'os de l'œil fort appa-

rent, distinctement prononcé, et arqué de manière à pouvoir être facilement saisi dans le dessin : toutes les têtes idéales de l'antiquité sont courbées ainsi.

19. Je mets au rang des caractères les plus judicieux et les plus positifs, les fronts carrés dont les marges latérales sont encore assez spacieuses, et dont l'os de l'œil est en même temps bien solide.

20. Les rides perpendiculaires, quand elles sont d'ailleurs analogues au front, supposent une grande application et autant d'énergie ; sont-elles horizontales et coupées, soit au milieu ou vers le haut, elles proviennent ordinairement de paresse ou de faiblesse d'esprit.

21. De profondes incisions perpendiculaires dans l'os du front, entre les sourcils, appartiennent exclusivement à des gens de beaucoup de capacité, qui pensent sainement et noblement : seulement il faut que ces traits ne soient point balancés par d'autres traits positivement contradictoires.

22. Lorsque la veine frontale, ou l'Y bleuâtre, paraît bien distinctement au milieu d'un front ouvert, exempt de rides et régulièrement voûté, je compte toujours sur des talens extraordinaires, et sur un caractère passionné pour l'amour du bien.

23. Rassemblons les signes distinctifs d'un front parfaitement beau, dont l'expression et la forme annoncent à-la-fois la richesse du jugement et la noblesse du caractère.

a. Pour cet effet, il doit se trouver dans la plus exacte

proportion avec le reste du visage, égaler en longueur et le nez, et la partie inférieure.

b. Dans sa largeur, il doit approcher vers le haut, ou de l'ovale, ou du carré. (La première de ces formes est en quelque sorte nationale pour les grands hommes d'Angleterre.)

c. Exempt de toute espèce d'inégalités et de rides permanentes, il doit pourtant en être susceptible ; mais alors il ne se plissera que dans les momens d'une méditation sérieuse, dans un mouvement de douleur ou d'indignation.

d. Il doit reculer par le haut et avancer du bas.

e. L'os de l'œil sera uni et presque horizontal : vu d'en haut, il décrira une courbe régulière.

f. Une petite cavité perpendiculaire et transversale ne fait aucun tort à la beauté du front ; cependant ces lignes doivent être assez délicates pour n'être aperçues que lorsqu'elles sont éclairées par un très-grand jour qui vient d'en haut : d'ailleurs il faut qu'elles partagent le front en quatre cases presque égales.

g. La couleur de la peau doit être plus claire que celle des autres parties du visage.

h. Les contours du front seront disposés de manière que, si l'on aperçoit une section qui comprend à-peu-près le tiers de l'ensemble, on puisse distinguer à peine si elle décrit une ligne droite ou courbe.

24. Les fronts courts, ridés, noueux, irréguliers, enfoncés d'un côté, échancrés, ou qui se plissent toujours différemment, ne seront jamais une recommandation chez moi, et ne captiveront jamais mon amitié.

25. Tant que votre frère, votre ami ou votre ennemi; tant que l'homme, et cet homme fût-il un malfaiteur, vous présente un front bien proportionné et ouvert, ne désespérez pas de lui; il est encore susceptible d'amendement.

SUPPLÉMENT.

Opinions et jugemens des différens physionomistes, sur le FRONT, *avec les remarques de l'auteur.*

§ I.

CHIROMANCIE, ouvrage allemand, sans nom d'auteur, imprimé à Francfort, 1594.

« UN front étroit annonce un homme indocile et » vorace. »

La première de ces assertions est vraie ; mais je ne vois pas comment la voracité pourrait dépendre du rétrécissement du front.

« Un front large caractérise l'impudicité ; arrondi, il » est l'indice de la colère ; enfoncé du bas, il promet un » esprit modeste, un cœur ennemi du vice. »

Tout cela est prodigieusement vague, et, à plusieurs égards, très-faux. Avec un front quelconque on peut se plonger dans l'impureté, se livrer à des emportemens, ou fuir certains vices ; mais il est de toute fausseté que la largeur du front soit le signe caractéristique de l'impudicité, et son arrondissement celui de la colère : je croirais plutôt le contraire. Quant aux fronts qui sont enfoncés vers le bas, c'est-à-dire, proéminens par le haut, je les crois stupides, poltrons, incapables de grandes entreprises.

« Un front carré suppose un grand fonds de sagesse » et de courage. »

Tous les physionomistes s'accordent sur ce point ; mais pour en faire une proposition générale, il faudrait l'établir avec plus de précision.

« Un front à-la-fois élevé et arrondi dénote un » homme franc, bienveillant et bienfaisant, facile à » vivre, serviable, reconnaissant et vertueux. »

Tout cela n'est pas exclusif, et dépend, en grande partie, de la position et de la constitution du front.

« Un front laid, sans rides, ne peut convenir qu'à » un guerrier farouche et perfide, plutôt simple qu'é- » clairé. »

Ceci est bien vague encore ; et, à l'égard du manque des rides, je me déclarerais la plupart du temps pour l'opinion contraire.

§ II.

LA CHIROMANCIE ET LA PHYSIOGNOMONIE, dégagées de toutes leurs superstitions, vanités et illusions, par *Chr. Schaliz.*

Quel titre !

« Un trop grand front est le signe d'un caractère » timide, paresseux et stupide. »

C'est selon : l'auteur a raison s'il entend parler d'un grand front difforme, inégal, et enfoncé par le milieu ; mais la remarque serait fausse si on la rapportait à un front d'ailleurs beau et régulièrement voûté.

« Un front étroit et petit dépeint un homme incons- » tant, inquiet et indocile.

» S'il est oblong, il indique du bon sens et un esprit » ouvert. »

Ceci est trop vague.

« S'il est carré, un cœur magnanime ; s'il est circu-
» laire, l'emportement et la bêtise. » (Voyez mes remarques sur l'article I.)

« L'élévation du front désigne une humeur opiniâtre
» et inconstante. »

Cette définition est vague et contradictoire.

« Son aplatissement, un naturel efféminé. »

Celle-ci est vraie jusqu'à un certain point, mais elle
manque de précision.

« Un front chargé de rides dénote un esprit réfléchi
» et mélancolique. »

Quelquefois aussi un esprit borné et léger : c'est la
disposition des rides qui en décide, leur régularité ou
irrégularité, leur tension ou leur relâchement.

« La surabondance des rides caractérise un homme
» prompt et violent, qui ne revient pas aisément de
» ses emportemens. »

Cela dépend également de la nature des rides.

« Si elles n'occupent que la partie supérieure du front,
» elles expriment un étonnement qui avoisine la bêtise. »

Il y a beaucoup de vrai dans cette idée.

« Si elles se concentrent vers la racine du nez, elles
» annoncent un homme grave et mélancolique. »

Ceci est encore vague.

« Mais un front entièrement exempt de rides ne peut
» qu'être l'effet d'une humeur gaie et enjouée.

» Avec un front trop épanoui, on doit être nécessai-
» rement un flatteur. »

On sent combien cette proposition est indéterminée.

« Un front sombre est la marque d'un caractère
» bourru, triste et cruel.

» Un front inégal et dur, alternativement entrecoupé
» de fossettes et de bosses, présente l'image d'un homme
» prodigue, débauché et infidèle. »

J'ajouterai ou peut-être d'un homme dur, actif, et
rempli de projets.

§ III.

Traité sur les physionomies et sur les complexions, ouvrage allemand d'un anonyme.

« Un front arrondi et élevé annonce la franchise, la
» gaieté, un bon cœur et du jugement. Uni, lisse et sans
» rides, il pronostique un caractère acariâtre, trompeur,
» mais peu sensé. » (!!!)

« Un petit front cache un esprit simple, colérique,
» cruel et ambitieux. Rond, saillant aux angles et sans
» poil, il désigne une raison saine et le désir des grandes
» choses, de celles qui rapportent de la gloire ou du
» profit. Pointu vers les tempes, il suppose un homme
» méchant, simple et inconstant. Charnu au même en-
» droit, un homme arrogant, entêté et grossier.

» Un front plissé et fendu par le milieu, présage un
» esprit borné et hautain, des revers de fortune. Lors-
» qu'il est également volumineux de toutes parts, rond
» et chauve, il est la marque d'un esprit fécond en
» saillies et en ruses, d'un penchant décidé à l'orgueil,
» à la colère et au mensonge. Alongé, élevé, globuleux,
» et accompagné d'un menton pointu, il dénote un être
» simple, faible et contrarié par le sort. »

Le moyen d'adopter des propositions aussi vagues et aussi tranchantes !

§ IV.

PALAIS DE LA FORTUNE. Lyon, 1562.

« Le front grandement élevé en rondeur signifie » l'homme libéral et joyeux, d'un bon intellect, trai- » table envers les autres, et orné de plusieurs graces et » vertus.

» Le front plein et uni, et qui n'a point de rides, » annonce un homme litigieux, vain, fallacieux (cela » est absolument faux), et plus simple que sage.

» Celui duquel le front est petit de toutes parts signifie » un homme simple, prompt à courroux, cupide de » choses belles, et curieux. (Voyez ci-dessus.)

» Celui qui est si rond aux angles des tempes que » les os apparaissent, signifie un homme d'une bonne » nature et d'un dur intellect, audacieux, désireux de » choses belles, nettes et honorables. »

Ces observations ne sont pas tout-à-fait conformes aux miennes ; il faudrait d'ailleurs qu'elles fussent développées avec plus de clarté, et appuyées sur des dessins exacts.

« Ceux auxquels le front est pointu environ les an- » gles des tempes, tellement qu'il semble que les os en » sortent, signifient l'homme vain et instable en toutes » choses, débile, simple et tendre de capacité. »

Je sais positivement le contraire.

« Ceux qui ont le front large changent volontiers de

» courage ; et, s'ils l'ont encore plus large, ils sont fous » et de petite discrétion. »

Mes expériences n'en disent rien du tout.

« Ceux qui l'ont petit et étroit, sont dévorateurs et » indociles, souillards comme les truies.

» Ceux qui l'ont assez long ont bon sens et sont do-» ciles ; mais ils ne sont aucunement véhémens. »

Erreur manifeste.

§ V.

Johannes ab Indagine.

« Est alia ratio latæ, alia rotundæ frontis. Quæ in gyrum elevata est, à quibusdam probatur ; maxime, si capiti bene respondeat. Sin autem temporum proeminentias occupet rotunditas illa, sitque subinde depilis, indicat præstantiam ingenii, cupiditatem honoris, arrogantiam, et quæ magnanimos omnes consequuntur.

» Glabra et complanata cuticula, nisi intra supernam superficiem nasi, prophanum, fallacem, iracundumque significat. (Voyez ci-dessus.)

» Caperata et rugis contracta, in medio tamen declivior, una cum duabus optimis virtutibus, videlicet magnanimitate et ingenio, pessimum vitium habet crudelitatem. »

Cette assertion indéterminée est tout au plus vraie à demi.

« Prægrandis, rotunda, depilis, audacem et mendacem. »

Dans celle-ci il y a plus de faux que de vrai.

« Oblonga, cum oblonga facie, mento tenui, crude-litatem et tyrannidem. »

Ordinairement ces sortes de formes dénotent une grande vivacité, lorsque les contours sont en même temps fortement prononcés; autrement elles sont presque toujours inséparables d'un caractère craintif et timide.

« Confusa et tumida nimia vultus pinguedine, insta-bilem, phlegmaticum, crassum, hebetem. »

§ VI.

Physiognomonie naturelle. Lyon, 1549.

« Le front estroit dénote un homme indocile, sale, goulu et gourmand : il est semblable au pourceau.

» Ceux qui ont le front fort large et de grande estendue, sont d'esprit et d'entendement paresseux.

» Ceux qui ont le front longuet, sont de meilleure estime, apprenant aisément, doulx, affables et courtois.

» Le front petit est signe d'estre efféminé. Le front courbé, hault et rond, dénote l'homme estre sot et niaiz. Le front quarré, de modérée grandeur, accordant et convenant au corps et à la face, est signe de grande vertu, sagesse, et grand cœur et courage.

» Ceux qui ont le front plat et d'une venue, attribuent beaucoup à leur honneur, sans l'avoir mérité.

» Ceux qui ont le front comme estant couvert de la teste, sont arrogans et fiers, ne pouvant durer avec personne.

» Ceux qui ont le front au milieu estreint et serré, se courroucent incontinent, et pour peu de chose.

» Ceux qui ont le front ridé et plyé en la partie d'en hault, et aussi l'ont retiré et regreni, et mesmement au commencement du nez, sont pensifz.

» Ceux qui ont la peau du front lâche et estendue et comme plaisante, sont gracieux, plaisans et courtois; néanmoins ils sont dangereux et nuisans : ils sont à comparer aux chiens flattans et amadouans.

» Ceux qui ont le front aspre, de sorte qu'il y a des durtez comme petites montaignes, et des lieux creux comme fossez, ils sont fins, cauts et variables, s'ils ne sont folz ou insensez.

» Ceux qui ont le front estendu et bendé, sont non-chaillans et asseurez. »

J'ai consulté encore *Bartholomæi Cœlitis Chyromantiæ ac Physiognomiæ Anastasis, cum approbatione Magistri Alexandri Achillinis :* il dit à-peu-près la même chose en d'autres termes, et c'est aussi le cas de Porta. Ainsi, pour ne pas trop multiplier les citations, je passe ces deux auteurs sous silence.

§ VII.

Philippe Mai, dans sa *Physiognomonie médicinale,* qu'on pourrait appeler avec plus de raison un Traité de Chiromancie et de Métoposcopie.

« Le front, depuis le commencement du nez jusqu'aux cheveux, est semblable au premier doigt, qu'on appelle index ; et, lorsque le front est aussi large au milieu et à la fin, qu'il est au commencement, c'est un fort bon signe pour la santé, pour la fortune et pour l'esprit. »

§ VIII.

Guillelmus Cratalorus.

« Frons, quibus magna , segnes; comparantur bobus.

» Frons, quibus parva, mobiles.

» Frons, quibus lata, idonei ad movendam mentem : si valde lata , stulti , parva discretione et ingenio rigidi.

» Frons, quibus rotunda , iracundi, præsertim si promptuaria, et insensibiles : refer ad asinos.

» Frons, quibus parva et angusta, stolidi, indociles, inquinati, voraces : refer ad sues. Quibus oblonga, valent sensibus et dociles sunt , sed vehementes aliquantulum : refer ad canes. Frons, quibus est quadrata , moderatæ magnitudinis, consona capiti; tales virtuosi, sapientes, magnanimi : refer ad leones.

» Quibus est frons plana et continua sine rugis, inflexibiles sunt et insensibiles , contumeliosi et valde irascibiles , id est , pertinaces intra obstinati et litigiosi.

» Qui mediam frontem simul cum supercilio contrahit, est vili lucro intentus.

» Quibus est protentosa , adulatores sunt : referuntur ad passiones , et est frons protensa æqualis, quasi ultra tensa. Dicitur etiam collecta frons; id est , tensa et

tranquilla, ut in canibus patet et hominibus blandien-
tibus.

» Quibus est obnubilosa, audaces et terribiles : referuntur ad tauros et leones.

» Frons, quasi cacumen quiddam habens et fossulas
quasdam, callidi et perfidi indicium. Medius habitus
frontis inter hos decenter congruit et bonus est.

» Frons quibus tristis est, mæsti sunt, et referentur
ad passionem. Demissa et obscura, planctui promptos
facit : refer ad pavones.

» Frons magna semper cum grossitie carnis, et e contra frons parva cum subtilitate.

» Frons parva et subtilitas pellis denotat spiritus sub-
tiles et mobiles; et e contra. Spiritus autem est corpus
subtile ex vaporibus sanguinis causatum. Estque spiritus lator virtutum animæ in membra spiritualia ; atque ideo ubi est humorum grossities, ibi non potest
esse homini ingenium.

» Frons rugosa nimis, signum est inverecundi, et
rugositas caussatur ex nimia humiditate, licet ali-
quando etiam ex siccitate, et ista non occupat totam
frontem, et declarat iracundiam et irascibilitatem ; re-
tinet iram et odium absque caussa, et sunt tales litigiosi. Habentes curtam frontem, tempora et maxillas
compressas, amplis mandibulis strumas contrahunt.
Quibus tensa est et lucida, adulatores sunt et dolosi.

» Frons in longum rugosa, præsertim in radice nasi,
arguit cogitationes melancholiæ.

» Frons laxa, diffusa vel aspera, concava in medio

cum tranquillitate cutis arridenti, versutos notat et ava-
ros, ac fortasse plenos inscitia.

» Frons valde distorta, secordem ac stupidum. Cui
velut nebula in rivum frontis est, vel in medium tan-
quam obtricta, iracundus vocatur : refer tauro vel
leoni.

» Frons demissa et tristis animum lugubrem, iracundiam et tristitiam notat.

» Frons alta, lata, longa, auget bona. Humilis frons,
virilis haud est.

» Frons in temporibus quasi inflata grossitudine carnis, maxillis plenis carne, multum animum arguit, iracundiam, superbiam et ingenii grossitiem.

» Curva frons eademque alta et rotunda, stoliditatis
indicium est et impudentiæ. »

Toutes ces propositions sont si vagues et si contraires
à l'expérience journalière; ce ton décisif et tranchant
conduit si aisément à des jugemens injustes ou sévères,
qu'il n'est pas surprenant que la physiognomonie, trai-
tée de la sorte, soit tombée dans le discrédit. Ajoutez
à cela que la plupart de ceux qui se sont mêlés de cette
science étaient des astrologues et des diseurs de bonne
aventure, assez ignorans pour mettre la métoposcopie
et la chiromancie au niveau, si ce n'est au-dessus de
la physiognomonie empirique proprement dite; et l'on
concevra sans peine combien le bon sens devait se ré-
volter contre de pareils écrits. Quant à la ressemblance
apparente qu'on se plaît à trouver entre les hommes et
les animaux, et à laquelle les anciens physionomistes
reviennent si souvent, il aurait fallu du moins la dé-

montrer ou l'indiquer avec plus de précision. J'ai beau chercher, par exemple, cette prétendue ressemblance dans les fronts, je ne la découvre nulle part; et, quand même la forme offrirait quelquefois une espèce d'approximation, celle-ci est bientôt effacée par la différence de la position, qu'on a presque toujours négligé d'étudier. L'opinion des anciens était donc entièrement erronée, et ils auraient dû établir leurs inductions sur la dissemblance qui résulte de ces rapports éloignés.

§ IX.

CLARAMONTIUS de conjectandis cujusque moribus et latitantibus animi affectibus; libri decem. *Helmstadii*, 1665.

« FIGURA quadrata frontis, signum est præstantis ingenii ac judicii; nascitur enim ex figura naturali capitis in anteriore, cujus parte judicium peragitur. Confert quoque ad prudentiam et ad agibilium cognitionem, disponit rectumque earum judicium. Multi homines præclaræ frontis ejusmodi figuram obtinuere.

» Si figuræ capitis, non naturales vocatæ a Galieno, judicii et ingenii vitium semper importarent, frontes etiam a quadrata recedentes earumdem facultatum vitium indicarent. At cum necessarium non sint illæ figuræ argumentum ejusmodi vitii, neque etiam recessus a quadrata fronte est index certus judicii depravati, aut dispositionis ad cognitionem vitiatæ. Ex similitudine tamen animalium physiognomi conjiciunt, rotunditatem frontis a capillis ad oculos indicare stupiditatem; ea enim est figura asininæ frontis. Rotunditas autem a tempore ad tempus dicunt signum iræ.

» Magna est frons humana, si etiam intra mediocritatem humanæ mensuræ contineatur, ejusmodique magnitudo ad distinctam et dilucidam cognitionem confert. Ratioque est, quoniam ad cognitionem ejus modisincerior sanguis exigitur; qualis non est sanguis calidior ; quamobrem cognitio elaboratur in cerebro , etiam, si principium ejus sit cor. Frons autem magna aut detecta efficit ut confluentes in anteriorem cerebri partem humores et spiritus perfrigeratiores sint , adeoque etiam ad distinctionem et lucidiorem cognitionem conferant.

» Quod si magnitudo frontis excedat, perfrigerantur plus justo spiritus iidem. Unde tardi ad cognoscendum, ad judicandum, segnesque ideo homines redduntur. Refert Aristoteles ad boves. At si frons parva, spiritus ob tegumentum capillorum , et humores in anteriore parte minus perfrigerantur quam par sit, calor autem celeritatem judicii facit, et ob agitationem sentiendi et judicandi puritatem intercipit atque refringit. Refert philosophus ad sues in physiognomicis. Mobiles vocat in Historia Animalium ; et congruit assertio ob celeritatem judicii.

» In capillorum a fronte ad tempora flexu, vel angulus efficitur, isque conspicuus ; vel angulus quidem, sed non admodum insignis ; vel orbis absque angulis resultat. Hic capillorum habitus fuit in Philippo, Burgundiæ duce, ex ejus icone. Angulos conspicuos et eminentes Ferrantes Gonzaghius, Prosper Columnius, et proxime Henricus IV, rex Galliæ ; ex togatis ac litteratis hominibus Jacobus Arabella, Claramontes, pater meus, memoria mea habuere. Judicium anguli ejusmodi indicant, nisi enormes fuerint. Tenuius enim est ea in parte calvæ os, quam frontis, adeoque cùm est tibi detectum, magis patent perfrigerationi spiritus anteriorum ventriculorum, sincerioresque ideo redduntur atque sincerius judicium efficiunt.

» Qui frontem rugosam habent, cogitabundi; dum enim cogitamus, in rugas eam contrahimus; qui tristem, mœsti; qui nebulosam, audaces; qui austeram, severi. Demissa lamentabundum, exporrecta hilarem significat, unde illud Comici : Exporrige frontem. Cum rugæ in altitudinem frontis protenduntur, non in longitudinem, iracundum significant; in ira enim eo modo contrahitur et corrugatur frons. Polæmo in figura acerbi tribuit illi rugas.

» Frons aspera denotat prius impudentiam. Quodsi adhuc major sit, indicat usque feritatem. Nam homini ob animæ ejus nobilitatem natura dedit, ut magis multo dominaretur corpori, quam animæ brutorum. Sensa itaque animi in ore effulgent, præsertim in oculis et in fronte. Quodsi ea fit cutis et subjectæ carnis durities, ut non præstent fulgori ejusmodi animi aditum; si quidem parum præstent, impudentiæ signum id est, cui frontem duram et calybeam tribuimus, unde illud : non os est tibi, vel duro durius est calybe. Atsi nullum demum præstent aditum, ab humana, ut ita dicam, tenuitate, in belluinam crassitiem, terrenamque ferarum impuritatem, transiisse videtur. Polæmo et ipse fero homini frontem asperam assignavit. Conjungo autem ipse duritiem cum asperitate ; quoniam durities cutis non videtur absolvi ab impuritate, adeoque ab inæqualitate ea, quæ cum duritie conjuncta facit asperitatem. Adamantius doloso homini tribuit, interdum furioso.

» Frons inæqualis, quæ scilicet fossulas quasdam ac monticulos habet, argumentum præbet hominis impostoris ac fraudulenti. Ita Adamantius. Ratio vero ea est, quoniam ejusmodi inæqualitas non est ex osse frontis, sed ex musculorum toris procedere videtur, qui tori robur eorumdem musculorum significant. At musculi frontis id munus habent, ut varias figuras fronti pro arbitrio tribuant, nunc eam contrahendo, nunc explicando. Sed variare frontem pro arbitrio est versipellis hominis. Ut hoc signum cuidam imitatur instinctui, quod ferme singulare est insignis frontis. »

§ X.

Peuschel. Traduit de l'allemand.

« La longueur du front s'étend d'une tempe à l'autre, et remplit ordinairement un espace de neuf fois la largeur du pouce. Le front, considéré dans sa largeur, se divise en trois parties égales, qui, pour annoncer un homme judicieux et heureusement organisé, doivent être délicatement voûtées en relief, sans aplatissement ni enfoncement. La première de ces parties est l'indice de la mémoire ; la seconde donne à connaître la force du jugement, et la troisième la richesse d'esprit. »

Nous parlerons des signes de la mémoire dans un des fragmens suivans.

« Un front tout-à-fait arrondi ne fait aucun tort à la mémoire et à l'esprit ; mais si la partie du milieu est la plus spacieuse et la plus saillante, vous aurez le caractère distinctif d'un jugement supérieur. Au contraire, si la section du haut est plus élevée que celle du bas, c'est la mémoire qui l'emporte sur les autres parties intellectuelles. Est-ce enfin la section du bas qui a le plus d'étendue et d'élévation, c'est l'esprit qui prédomine.

» 1. Un front bien proportionné, qui a toutes ses dimensions en longueur et en largeur, et qui n'est pas trop charnu, dénote beaucoup d'aptitude et de capacité pour toutes sortes de choses.

» 2. Un front excessivement volumineux annonce un homme de dure conception, mais qui retient d'autant mieux ce qu'il a appris. Lent et paresseux à former ses idées, il n'aura pas moins de peine et de répugnance à les exécuter.

» 3. Un front trop large indique un homme colère, orgueilleux, vain et fanfaron.

» 4. Un front qui excède la mesure ordinaire en longueur et en largeur, et qui est en même temps fort élevé, peut être mis dans la même classe que le n° 2.

» 5. Un front carré (j'ose à peine transcrire ces inepties), qui présente distinctement les sept lignes planétaires, reçues en métoposcopie, est le garant d'un esprit judicieux, courageux et traitable.

» 6. Un petit front court et étroit est le signe d'une intelligence très-bornée.

» 7. Un front tout rond nous donne l'idée d'un homme colère, fier, impétueux et vindicatif.

» 8. Avec un front trop grand on a du penchant à l'orgueil, et avec un front trop petit on incline à la colère et à l'avarice.

» 9. Il est des fronts tout-à-fait immobiles, et dont la peau ne saurait se plisser, à moins qu'on ne comprime ou qu'on n'étende les paupières avec effort. Mais il est aussi des gens qui tiennent les yeux continuellement baissés, et qui, par cette raison, ont toujours l'air de sommeiller. Un tel regard empêche la mobilité du front; et vous remarquerez aux personnes qui l'ont contracté une indifférence et une nonchalance invincibles. La véritable cause de l'immobilité de leur front doit être cherchée dans leur paresse naturelle. Par une longue habitude, et par un défaut d'exercice, la peau perd successivement et jusqu'à un certain point sa flexibilité, sur-tout si le front est charnu.

» 10. Un front enfoncé par le milieu caractérise l'avarice. »

La patience m'échappe à la fin. Voilà de ces décisions téméraires qui font un tort irréparable à l'humanité et à la physiognomonie. L'avarice est une passion si compliquée, elle dépend tellement de notre position, de notre éducation et d'une infinité de circonstances accessoires, qu'à mon avis il serait excessivement imprudent de soutenir que telle forme du front est un signe d'avarice, dans le même sens qu'on dit que tel autre front indique un caractère judicieux et bon, sensible ou dur, courageux ou timide, doux ou emporté. Il y a des fronts cependant qui portent l'empreinte d'un penchant marqué à l'avarice ; et la moindre conjoncture suffirait peut-être pour décider ce penchant. L'avare croit avoir des besoins qu'il n'a pas ; il ne trouve en lui ni assez d'énergie, ni assez de ressources pour subvenir à ses besoins, et par conséquent il se croit nécessité de recourir à des moyens dont il se sent dépourvu. Le choix de ces moyens lui coûte beaucoup de soins et de peines ; et, à force de s'occuper des moyens, il oublie le but auquel ils devaient le conduire, et les lui préfère. Ainsi la racine de l'avarice provient d'une imagination qui se crée des besoins, et qui ne trouve pas en elle-même assez de puissance et de force pour les vaincre ou pour les satisfaire. D'après ces données, j'appelle avare celui qui est tourmenté par des besoins qu'il n'est pas le maître de satisfaire ; et cette définition nous prouve que l'avarice est la passion des petites ames, qu'elle suppose un défaut d'énergie, ou le manque du sentiment de cette énergie. *Celui qui est assez fort de ses propres forces, peut se passer de secours étrangers.* Le plus puissant d'entre les hommes en était aussi le plus généreux et le plus noble. Personne ne fut jamais plus exempt d'avarice : il avait tout en lui, et rien hors de lui ; mais il était si puissant par lui-même qu'il s'assujétissait toutes choses comme sa propriété exclusive, et qu'il leur imprimait le sceau de son pouvoir souverain. En remontant jusqu'à Dieu même, nous trouverions en lui le plus désintéressé de tous les êtres, parce qu'il se suffit à lui-même, et qu'il possède tout.

Il est aisé maintenant d'établir les signes généraux

qui distinguent le désintéressement de l'avarice. Une force interne suffisante pour surmonter les besoins qui naissent en nous , et qui cherchent à maîtriser nos passions, c'est ce qui constitue un caractère généreux et désintéressé. Le défaut d'une pareille force interne , ou le sentiment de ce défaut d'énergie , voilà ce qui rend l'homme pusillanime et avare. Cependant cette quantité déterminée d'énergie ou de non énergie , peut prendre une direction tout-à-fait différente , et ne dégénère pas toujours en avarice. Avec le même degré de force ou de faiblesse , tel individu, placé dans une situation heureuse, favorisé par l'éducation et par les circonstances , suivra une route entièrement opposée , se créera d'autres besoins , et se laissera dominer par des passions analogues , qui peut-être tourneront à son honneur , autant que l'avarice proprement dite aurait tourné à sa honte : il deviendra avare de son temps , avide de grandes actions , jaloux de faire le bien ; mais toujours sa passion se bornera à l'objet qui l'occupe de préférence , et il le poursuivra avec une activité inquiète.

Or, qu'un caractère ainsi déterminé ait pour attribut nécessaire un front enfoncé par le milieu, c'est une opinion qui ne saurait être adoptée que d'après les inductions les plus positives. On voit , par ce seul exemple , combien il est imprudent de flétrir la réputation d'un homme , sur un signe unique et arbitraire , et particulièrement lorsque ce signe est tiré des parties solides. C'était là pourtant la méthode ordinaire des anciens , et de ceux des modernes qui se sont traînés sur leurs traces. Le physionomiste philosophe s'y prend tout autrement : il s'attache à résoudre les premières causes générales des passions, à fixer le degré et le genre de l'activité et de la passibilité dont chaque individu est susceptible. Il n'oublie jamais que la masse générale de notre énergie, que la somme positive des sentimens et des forces qui nous sont confiés, réside invariablement dans les parties solides du visage ; et que l'usage volontaire et arbitraire que nous faisons de ces forces, s'explique par les parties mobiles. Le système osseux nous montre l'homme tel qu'il peut être : les parties molles nous font connaître ce qu'il est ; et, s'il y avait moyen de les examiner dans un état tout-à-fait paisible et exempt de passions, elles découvriraient même jusqu'aux dispositions les plus cachées. Mais retournons à Peuschel, qui, malgré tous ses défauts, n'en est pas moins un observateur original, beaucoup plus exact que la plupart de ses prédécesseurs.

« 11. Un front tout uni, sans rides et sans plis, et dont la peau luisante colle sur l'os, dénote un homme sanguin, bouillant, ami de la parure et de la galanterie. »

J'ai retrouvé ces sortes de fronts aux gens les plus modestes et les plus flegmatiques.

« 12. Un front dont la surface est unie, et qui se ride seulement vers le bas, au-dessus du nez, pronostique un homme colère, trompeur, perfide et méchant : il sera ou mélancolique sanguin, ou sanguin mélancolique. »

Ceci est en partie vague, et en partie faux.

« 13. Un front velu suppose en général une conception excessivement dure ; et lorsqu'en outre, les lignes

du front sont interrompues et découpées , elles annoncent du penchant au libertinage et à la friponnerie :
quelquefois même elles deviennent le présage d'une
mort violente. » (!!!)

§ XI.

M. DE PERNETTY.

« LA tète la mieux faite n'étant pas exactement sphé-
rique , et sa rondeur convexe étant altérée par l'abaissement ou la dépression des tempes, la rondeur du
front n'est pas exacte ; il en résulte une forme qu'on a
jugé à propos de nommer carrée ; d'ailleurs le front
n'est pas exactement convexe depuis la racine du
nez jusqu'aux cheveux. On appelle front rond , celui
dont la forme approche le plus de la convexité , soit
depuis le nez jusqu'à la racine des cheveux , soit d'une
tempe à l'autre. Le front ouvert est celui dont la figure
tient du carré long , avec une convexité qui fait partie
de la circonférence un peu aplatie d'un grand cercle ,
proportionnellement avec la longueur du carré. C'est
ce que l'on nomme aussi un front noble , lorsque les
lignes ou sillons ne le déparent pas par leur multitude ,
par leur profondeur et par leurs directions. Un front
bien proportionné est celui qui fait la troisième partie
de la hauteur de la face, et qui a le double en largeur,
prise d'une tempe à l'autre ; on l'appelle aussi un grand
front : s'il a moins de hauteur ou moins de largeur ,
c'est un petit front. Le front grand , carré et ouvert ,
annonce une personne d'esprit et de bon sens , d'une

bonne conception et capable de bons conseils ; car il est tel qu'il doit être pour avoir la forme la mieux proportionnée et la plus capable de faciliter les fonctions de l'ame. On voit cette forme de front dans les antiques qui représentent Homère, Platon, et beaucoup d'autres personnages de ces temps éloignés. On la trouve aussi dans la plupart des portraits des modernes qui ont la réputation d'hommes de génie, Newton, Montesquieu et tant d'autres.»

Loin d'offrir ce front ouvert dont parle M. de Pernetty, les antiques qui représentent Homère ont toutes le front plissé. Les rides qu'on y aperçoit ne sont pas confuses, je l'avoue; elles sont au contraire distinctes, régulières et spacieuses ; mais l'ensemble ne réveille pourtant pas l'idée d'un front ouvert et carré. Je le retrouve encore moins dans les bustes de Platon, dont le front diffère essentiellement de celui d'Homère. Les têtes de Clarke, d'Adisson et de Steele, peuvent être placées au nombre de celles qui se distinguent le plus par un front ouvert, mais non carré. En général, j'ai remarqué que presque tous les fronts des hommes célèbres de l'Angleterre sont admirablement voûtés par le haut.

« Galien appelle formes non naturelles du front celles qui diffèrent de la carrée. Si ce défaut de forme carrée marquait un vice dans l'esprit et le jugement, on en pourrait conclure ce vice généralement ; mais on se tromperait, parce que cette forme carrée du front indique, à la vérité, les perfections dont nous avons parlé, cependant, sans être absolument requise, et

sans qu'elle exclue toutes les autres. Quelques physionomistes ont prétendu, malgré cela (et je suis parfaitement de leur avis), que la convexité trop sensible du
front, prise de la racine des cheveux jusqu'aux sourcils, est un signe de stupidité ou d'ineptie, et que
cette convexité, considérée d'une tempe à l'autre, annonce une disposition à se mettre promptement en colère. Aristote les compare au front des ânes. »

La forme opposée du front incline beaucoup plus au
tempérament colérique.

« Si la grandeur du front pèche par excès, l'espace
que les esprits ont à parcourir est trop vaste ; la froideur du cerveau en éteint le feu et l'activité ; l'homme
en devient d'une conception lente, qui se communique
à tous ses jugemens et à toutes ses actions : c'est le front
des bœufs. »

Il s'en faut de beaucoup que ce soit la grandeur du
front seule qui imprime au bœuf son caractère de bêtise. Si c'était là le caractère distinctif de la bêtise,
l'éléphant serait de tous les animaux le plus stupide,
et il en est précisément le plus intelligent. L'air et le
caractère de stupidité qu'on attribue au bœuf, proviennent de la forme et de la position de son front : une
légère attention suffira pour vous en convaincre.

« Le front pèche-t-il par excès de petitesse, le cours
des esprits y est troublé et dans la confusion ; le jugement n'attend pas la comparaison des idées ; il est précipité et sujet à être défectueux. De tels fronts se rapportent au front des cochons. Aristote dit qu'ils annoncent l'inconstance et l'indocilité.

» La concurrence de la racine des cheveux avec le haut des tempes, forme un angle sensible dans cette inflexion. Quelquefois le front s'y termine en rondeur : ceci arrive plus ordinairement aux femmes, dont les cheveux aboutissent rarement en pointe décidée au milieu du front. L'angle, dont nous venons de parler, donne au front la forme carrée ; mais si cet angle s'étend trop loin, il en change la forme, et devient un défaut.

» On doit faire une différence du front étroit et resserré, d'avec le front petit. Celui-ci s'entend du front sur lequel les cheveux descendent trop, et lui ôtent sa proportion naturelle de hauteur, qui est la troisième partie de la face ; le nez en occupe une, et l'espace du nez au bout du menton fait l'autre. Le front étroit et resserré est tel, lorsque les cheveux avancent trop des tempes sur le front, et diminuent sa largeur requise ; c'est celui des cochons. On attribue aux petits fronts la vivacité d'esprit, le babil, l'inconstance et le jugement trop précipité ; mais on accuse le front étroit d'être l'indice de la folie, de l'indocilité, de la gourmandise, etc. Les anciens Romains regardaient la petitesse du front, quand elle n'était pas excessive, comme un trait de beauté. »

> Insignem tenui fronte Lycorida
> Cyri torret amor.   Hor.

Winckelmann a fait la même remarque, qui certainement mérite d'être rapportée. Nous allons l'entendre lui-même.

§ XII.

« LE front, pour qu'il soit beau, doit être court. Cette forme est tellement appropriée à toutes les têtes idéales et aux figures de jeunesse de l'art antique, qu'elle suffit pour faire distinguer un ouvrage ancien d'avec un ouvrage moderne. Au seul front élevé j'ai reconnu plusieurs bustes modernes, placés fort haut, et que je ne pouvais pas examiner de plus près. Parmi nos artistes, on en trouve bien peu qui aient fait attention à ce genre de beauté. J'en connais même qui, dans des figures de jeunesse de l'un et l'autre sexe, ont élevé le front naturellement court, et remonté la chevelure, afin de produire ce qu'ils appellent un front ouvert. Sur cet article, comme sur bien d'autres, le Bernin a cherché la beauté dans des procédés diamétralement opposés à ceux des anciens. »

Il avait lui-même le front élevé et spacieux, et, par cette raison peut-être, il n'aimait pas trop les fronts courts.

« Baldinucci, son panégyriste, nous apprend que cet artiste, ayant modelé la figure de Louis XIV dans sa jeunesse, avait relevé les cheveux du jeune roi par-dessus le front. Ce Florentin diffus, qui croit rapporter par-là une chose merveilleuse de la délicatesse du goût de son héros, ne fait que nous dévoiler son manque de tact et son peu de connaissance. On n'a qu'à faire l'expérience sur une personne qui a le front petit, en lui couvrant les cheveux du toupet avec les doigts, et en se figurant le front d'autant plus élevé ; dès-lors on sera frappé d'une certaine disconvenance de proportion, et on sentira combien un front élevé peut être préjudiciable à la beauté. »

Cela ne peut s'appliquer qu'à tel visage donné. Mais, en prenant l'inverse, je puis soutenir, avec tout autant d'assurance, que, pour se convaincre du mauvais effet d'un front court, il suffit de couvrir avec le doigt la partie supérieure d'un front élevé, et de se le figurer d'autant plus raccourci, que dès-lors la disconvenance de proportion deviendra sensible, sur-tout pour cet individu-là. Un visage quelconque sera toujours disproportionné, du moins aux yeux d'un physionomiste exercé, dès que vous y ajouterez ou que vous en retrancherez quelque chose. L'observation de Winckelmann ne prouve donc ni pour la beauté des fronts courts, ni contre la laideur des fronts élevés ; quoique, d'un autre côté, je convienne volontiers qu'en général les fronts courts sont plus agréables, plus expressifs et plus beaux que les fronts élevés.

« C'est d'après cette maxime que les Circassiennes, pour faire paraître leur front plus petit, se peignent les cheveux du toupet en avant, de façon qu'ils descendent presque aux sourcils. »

Je ne conçois point que Winckelmann, l'apôtre de la beauté, ait pris sur lui de faire l'éloge d'une telle parure, ni que Winckelmann, le physionomiste, ait pu l'excuser.

« Les commentateurs anciens sont d'avis qu'Horace, en chantant l'*Insignem tenui fronte Lycorida*, a voulu parler d'un front court ; *angusta et parva fronte, quod in pulchritudinis forma commendari solet.* Mais Cruquius n'a pas saisi le sens de ce passage, puisqu'il dit dans la remarque dont il l'accompagne : *Tenuis et rotunda frons index est libidinis et mobilitatis simplicitatisque, sine procaci petulantia dolisque meretricis.* »

Et cependant le commentateur Cruquius s'exprime avec plus de justesse physiognomonique que Winckelmann, car un petit front arrondi n'est ni beau, ni noble, à moins qu'il ne soit seulement convexe à demi.

« François Junius s'est également trompé sur le mot *tenuis*, qu'il explique par l'ἁπαλόν καὶ δροσῶδες μέτωπον du Bathylle d'Anacréon. Le *frons tenuis* d'Horace est le *frons brevis* que Martial exige d'un beau garçon. Il ne faut pas rendre non plus le *frons minima* de la *Circé* de Pétrone, par un petit front, comme l'a fait le traducteur français, le front pouvant être à-la-fois large et bas. »

Bien plus, une certaine largeur du front suppose nécessairement qu'il doit être bas.

« On peut croire, d'après *Arnobe,* que les femmes qui avaient le front élevé, en couvraient le haut avec un bandeau, pour le faire paraître plus court. Pour donner au visage la forme ovale et le complément de la beauté, il faut que les cheveux qui couronnent le front fassent le tour des tempes en s'arrondissant, conformation qui se trouve à toutes les belles femmes. »

Et qui est en effet des plus avantageuses, qui annonce autant de noblesse d'ame que de finesse et de clarté d'esprit.

« Cette forme du front est tellement appropriée à

toutes les têtes idéales et aux figures de jeunesse de l'art antique, qu'on n'en rencontre point avec des angles enfoncés et sans cheveux au-dessus des tempes. Parmi les statuaires modernes, on en trouve bien peu qui aient fait cette remarque ; à toutes les restaurations modernes, où l'on a placé des têtes de jeunesse d'homme sur des statues antiques, on observe d'abord cette idée mal raisonnée, en considérant les cheveux qui s'avancent en échancrures sur le front. »

Revenons maintenant à M. de Pernetty, qui, sans cette digression , nous aurait peut-être un peu fatigué.

« Si on doit croire quelques auteurs, on ne peut rien attendre que de petit et d'efféminé de ceux dont le front pèche par petitesse. *Fuchsius* ajoute qu'ils sont très-prompts à se mettre en colère, inconstans, légers, bavards et freluquets, envieux, admirateurs des belles actions, et peu jaloux de les imiter, parce que les ventricules du cerveau étant trop étroits, leurs idées s'y confondent, s'y troublent. Ils affectent de vous étourdir par des protestations d'amitié et de bienveillance , sans que le cœur y ait beaucoup de part, et se perdent enfin dans leurs raisonnemens, parce qu'ils n'en connaissent ni la chaîne, ni le but, et que la parole, chez eux , marche toujours avant la pensée.

» Un front fortement sillonné et ridé, indique un homme pensif et soucieux ; car , lorsque notre esprit est sérieusement occupé , nous fronçons les sourcils, de souci et de tristesse.

» Ceux qui l'ont nébuleux et rabaissé , méditent des

actions lugubres, des traits d'audace; c'est pourquoi Térence fait dire par un de ses acteurs, à un autre qui avait l'air soucieux : Déridez votre front, *exporrige frontem.*

» Lorsque les rides ou sillons ont leur direction de bas en haut, ils annoncent une personne colère; car ces rides se forment dans les accens de cette passion. Les Latins appelaient cette sorte de front, *frons rugosa.* Mais un front rude et dur, *frons aspera,* dont la peau sèche absorbe les rayons de la lumière, indique l'impudence et la férocité. Ce sont ces sortes de fronts que l'on appelle *fronts d'airain,* qui ne rougissent jamais, et qui sont enclins à l'inhumanité et à tant d'autres défauts.»

Lorsque les nœuds sont bien disposés, symétriques et carrés, ces sortes de fronts d'airain annoncent un caractère infiniment énergique et entreprenant; mais on aurait grand tort de les accuser indistinctement de férocité. L'homme féroce est un homme faible, qui, dominé par une impulsion arbitraire, se réjouit en insensé du mal d'autrui; qui, à l'exemple de l'avare, emploie les moyens comme but. Or, il n'y a qu'un être excessivement faible qui puisse négliger le but d'une action, pour s'attacher aux moyens.

» Le front inégal semble composé de petites éminences qui forment comme des hauteurs, mêlées de vallons et de petits creux; il est un indice du penchant à la tromperie et à l'imposture, sur-tout quand les hauteurs ne sont que l'effet de la contraction réitérée de la peau et des muscles qu'elle couvre, et non de la forme de l'os du crâne ; car il n'y a que les mouvemens des muscles qui, étant un effet de la volonté, retirent, contractent ou étendent la peau. Or, tout le monde sait qu'il n'appartient qu'à un fripon, à un trompeur, à un fourbe, de masquer son front comme il veut, en lui imprimant les mouvemens à sa volonté ; alors, pour le démasquer, il faut considérer ses yeux, où les mouvemens du cœur sont plus naturels. »

Comme on peut envisager les mêmes choses sous des faces différentes ! Quant à moi, il me paraît incontestable, en premier lieu, que la partie osseuse du front ne change jamais ; on n'en saurait disconvenir. En second lieu, la peau du front étant couchée sur l'os, elle doit se régler d'après celui-ci : elle peut se contracter, mais seulement d'une certaine façon. Troisièmement, les rides du front sont une suite des mouvemens de la peau, et par conséquent une suite de l'action de la pensée, du sentiment, de la douleur, etc. Donc, pour que le fripon ne se trahisse point par le front, il devrait pouvoir en dérider la peau à son gré, la réduire dans un état d'inactivité et d'impassibilité. Les rides sont les délateurs du fourbe ; ce sont elles qui le démasquent plus que toute autre chose. Que le front soit d'ailleurs aussi énergique, aussi dur qu'on voudra, l'homme n'est pas un fripon pour cela ; Dieu ne le créa pas tel. Il est vrai cependant que telle quantité ou tel défaut d'énergie peut favoriser le penchant à la friponnerie, mais il n'y conduit pas nécessairement ; et le système osseux du front n'est tout au plus qu'un indice de ce penchant. Cela étant, et les parties solides n'admettant aucune espèce de dissimulation, il faudra consulter encore les mouvemens de la peau, ou les rides qui nous aideront à résoudre la question : Cet homme est-il un fourbe, ou non? Supposé maintenant que les rides puissent nous expliquer l'énigme, et il n'y a qu'elles qui le puissent, croira-t-on que le fripon les effacera avec la même facilité qu'il essuie la sueur de son front? qu'il les extirpera de manière qu'elles ne reparaîtront pas au moment qu'il y pensera le moins? Jamais il n'aura cette habileté; et comment ose-t-on soutenir après cela, d'un ton d'assurance, *que le trompeur peut masquer son front comme il veut, en lui imprimant les mouvemens à sa volonté?* Entendons-nous pourtant. Je ne dis point que le fourbe ne peut pas se déguiser; au contraire, il y réussit quelquefois : je ne dis pas non plus que le front est toujours le délateur infaillible du fripon; mais je dis que si le fripon est reconnaissable par le front, n'importe si c'est la forme solide ou le mouvement de la peau qui le trahissent, alors la dissimulation lui devient impossible, puisqu'il n'est pas le maître de changer ni le système osseux du front, ni d'effacer ses rides distinctives. Il est plus facile d'en imposer sur les choses qui ne sont pas, que sur celles qui existent; et c'est ici le cas de dire qu'*une ville bâtie sur une montagne ne peut pas se cacher.*

« Il y a donc, continue M. de Pernetty, différentes » sortes de fronts; et ces différences sont très-sensibles, » même pour ceux qui les regardent sans y faire beau- » coup d'attention; les uns préviennent en faveur de la » personne, les autres à son désavantage. En effet, un

» front serein annonce la tranquillité de l'ame, et la
» douceur du caractère. Sénèque a dit : Il n'y a de vrai-
» ment sublime que la plus haute vertu, et rien de grand
» qui ne soit en même temps doux et tranquille. La
» partie de l'atmosphère la plus voisine des astres n'est
» point sujette aux nuages, ni agitée par des tempêtes,
» comme sa partie inférieure, où les vents tumultueux
» jettent le trouble et la confusion : tout y est tran-
» quille. De même un esprit, un génie élevé et sublime
» est dans le repos ; il a un air modeste et doux, un front
» serein et respectable.

» Mais un front riant et ouvert est très-souvent l'an-
» nonce d'un complaisant et d'un flatteur, quelquefois
» d'un homme disposé à vous tendre un piége. On voit
» ce *frontem exporrectam et blandam* dans les chiens, qui
» vous flattent pour avoir de vous un os à ronger, dispo-
» sition bien opposée au front sévère et nébuleux, signe
» des soucis, de la dureté du caractère, quelquefois du
» courage, mais en même temps de la férocité, comme
» dans les fronts du lion, du taureau et du dogue. »

Ces trois fronts, que M. de Pernetty confond ici en
une seule et même classe, diffèrent cependant du tout
au tout.

« La beauté du front ne consiste donc pas seulement
» dans sa grandeur, dans sa forme ronde ou carrée, mais
» dans ses proportions exactes avec les autres parties du
» visage, ainsi que dans sa majesté, sa sévérité, et dans
» les graces qui les accompagnent. Nous sommes frappés
» du beau, nous l'admirons; nous sommes subjugués
» par le gracieux, nous l'aimons. Le premier est le *pul-*

» *cher* des Latins ; le second est leur *formosus*, ou leur
» *pulchritudo cum venustate.*

» Un front laid est celui qui pèche par quelque excès
» que ce soit, ou par les autres défauts dont nous avons
» parlé sous les noms de fronts austères, rudes, durs ,
» nébuleux, etc. , que les Latins exprimaient par *frons*
» *gibbosa, frons aspera, rugosa, obnubilosa, tristis, obs-*
» *cura, obducta, feralis,* etc.

» Un front ridé avant que l'âge y ait imprimé ses traces,
» indique un tempérament mélancolique , qui a été
» livré aux soucis et aux inquiétudes des affaires, à une
» ambition qui n'a pas été satisfaite , à une étude suivie
» et constante. Mais le front sourcilleux que les Latins
» appelaient *frons constricta, frons caperata,* marque
» ordinairement la sévérité et la critique amère , ainsi
» que l'envie. C'est pourquoi Pétrone disait, par allusion
» à Caton le censeur : *Quid me spectatis constricta fronte*
» *Catonis?* On peut donc dire en général : *Monstrum in*
» *fronte, monstrum in animo.*

» Quant aux lignes ou sillons que l'on voit au front,
» et qui le traversent dans sa hauteur, dans sa largeur,
» ou dans d'autres directions, on saura que moins ces
» lignes sont nombreuses et profondes, plus elles dési-
» gnent d'humidité dans le tempérament, comme on peut
» le voir dans les enfans, dans l'adolescence, et dans le
» sexe féminin. Les lignes larges annoncent une cha-
» leur douce, parce qu'elle est modérée par l'humidité,
» et montrent un naturel gai et joyeux, qui n'a pas
» éprouvé beaucoup de revers de fortune. Les lignes
» étroites semblent être réservées pour les femmes, et

» pour les hommes efféminés. Il y a ordinairement cinq
» ou sept lignes, jamais moins de trois. Les droites et
» continues indiquent un bon tempérament, de la cons-
» tance, de la fermeté et de la droiture. Celles qui sont
» discontinuées et tortues, sont l'indice du contraire,
» quand elles dévient beaucoup de la droite, et qu'elles
» sont coupées par d'autres en différens sens. Les lignes
» qui s'étendent en rameaux sont, dit-on, marque de
» l'homme à projets, de l'homme irrésolu et incons-
» tant. »

Au reste, je ne prétends pas approuver tout ce que
j'ai passé sous silence dans ces différens extraits. Une
discussion plus détaillée aurait rempli seule un volume.
D'ailleurs, les observations des auteurs que j'ai cités,
devraient être appuyées sur des dessins exacts, sans
lesquels on dit toujours trop ou trop peu en physiognomonie.

51.

1
2

Pl. 53
3
4

V.

EXERCICES PHYSIOGNOMONIQUES RELATIFS AUX OBSERVATIONS
PRÉCÉDENTES.

Les deux planches ci-jointes pourront éclaircir plusieurs thèses de notre doctrine : sagacité, perspicacité,
profondeur, voilà ce que j'entrevois dans les trois premiers profils. Le 1 n'est pas un génie universel, il se
fixe et s'attache à un seul point ; le 2 parcourt un champ
plus étendu, et y plane à son aise ; le 3 saisit dans les
objets tout ce qu'ils présentent : il les creuse, il les pénètre, soit qu'il les envisage dans leur ensemble, soit
qu'en les décomposant il en considère successivement
toutes les parties. 1 a le plus d'aptitude aux arts ; 2, le
plus de goût ; 3, le plus de philosophie. Le front du 1
n'a rien de tranchant ; il est simple et ouvert : cet
homme sait tirer la quintessence des choses, sans qu'il
lui en coûte de grands efforts ; son regard concentre,
comme dans un foyer, les rayons que le front a ras-
semblés. Avec ce contour plus nuancé et plus serré, le
2 distinguera mieux et opérera mieux que le précédent.
Le 3 va droit au fait ; ce qu'il a une fois saisi ne lui
échappe plus ; il dispose ses matériaux avec plus de soin
et de réflexion, mais avec moins d'intelligence et de
goût que les deux autres : sa constitution osseuse en
fait un esprit ferme, qui ne se laissera pas aisément
ébranler ou ballotter ; cependant la coupe du front est
un peu trop échancrée, et la saillie qui en résulte est

trop mesquine, pour que cette tête puisse être comptée parmi celles des grands hommes. Je ne saurais le dire assez clairement, la moindre concavité du front est d'une signification étonnante, et fait souvent un tort infini au caractère. Observez de plus dans ces trois portraits, l'harmonie du front avec les autres parties du visage, avec le contour du nez, l'os de la joue, les lèvres, le menton, les yeux, les sourcils et les cheveux. Si j'étais prince, 1 serait mon dessinateur, 2 mon lecteur, et 3 mon intendant. J'ai oublié quel est ce portrait n° 4; mais le nom n'y fait rien, et je réponds que l'original est un homme prudent et clairvoyant, un esprit juste et conséquent. Sans atteindre le sublime, sans être un philosophe proprement dit, ni un génie poétique, il a du savoir, de l'érudition et des connaissances fort étendues. Résolu par caractère, il fera face à tout; et, si on l'attaque, il saura défendre le terrain. Son front carré atteste une mémoire prodigieuse, beaucoup de bon sens, et une fermeté qui dégénérera plutôt en opiniâtreté qu'en dureté. Les fronts qui, dans l'ensemble, sont aussi proéminens que celui-ci, et qui, aux rides près, approchent de la forme perpendiculaire, excluent généralement les nez aquilins, échancrés et retroussés; mais ils admettent presque toujours une lèvre d'en bas et un menton qui avancent, comme, par exemple, dans le portrait de Zuingle. Les gens ainsi conformés tiendront une place distinguée dans le conseil et dans le cabinet : on pourra les employer utilement à des discussions laborieuses, soit en littérature, soit en politique.

KLEINJOGG, Socrate rustique.

Cette forme de visage n'est ni sublime, ni d'une
beauté régulière ; mais, telle qu'elle se présente ici,
elle est pourtant toujours belle. On y distingue une certaine élévation, beaucoup de douceur, de sagesse, de
sérénité et de simplicité ; moins de profondeur que de
bon sens, de la clarté plutôt que le goût des recherches ;
et, comme l'a fort bien dit le biographe de Kleinjogg,
la pensée, le sentiment et l'action y sont en pleine harmonie. Je parlais tantôt de la signification étonnante
qui résulte de la moindre échancrure du front vu en
profil. La voûte supérieure de celui-ci est aussi pure,
aussi heureuse que possible ; il faut un œil des plus
exercés pour découvrir la cavité presque imperceptible
qui s'est glissée dans le dessin, depuis les sourcils jusqu'à l'endroit où le haut du front commence à se courber ; et cependant ce seul trait manqué suffit pour déranger toute la forme du front, pour émousser le fil du
contour, et pour affaiblir l'expression physionomique.
Je critiquerai encore l'extrémité du sinus frontal, le
passage du front au nez, qui n'est pas assez net, pas
assez coulant, pas assez fondu, et qui, par cette raison,
produit un effet désavantageux. Le nez, ainsi que l'œil,
sont pleins de délicatesse et de noblesse, et décèlent
un esprit susceptible de la plus grande culture. Je retrouve dans la bouche un caractère de reflexion, un
discernement et une sagacité qui sont très-rares parmi
les habitans de la campagne ; mais l'estampe laisse en-

trevoir un degré d'exactitude, d'ordre et de propreté auquel l'original ne s'astreignait guère que les jours de fête. Le vide qui paraît ici dans le contour de la mâchoire, doit certainement s'écarter de la vérité, parce qu'il contraste avec les rides qui sillonnent le reste du visage. Si j'étais appelé à caractériser cet homme, je le mettrais au premier rang de ceux qui sont doués d'un grand sens; mais, d'un autre côté, je le placerais fort bas dans la classe des ames tendres, sensibles ou passionnées. Pour asseoir un tel jugement, je ne consulterais que le front et la perpendicularité de la lèvre supérieure, quoique cette dernière section soit déjà un peu nuancée, et qu'elle reçoive par-là une teinte de bonté. En général, cette physionomie est une fleur intéressante dans le jardin de la création : elle vient de se faner cette fleur, au moment où j'écris ceci; et sa chute a excité les regrets de tous les cœurs honnêtes!....

1.

KLEINJOGG, en contour.

1. C'est encore le profil de Kleinjogg, dessiné en simple contour et un peu durement, mais rendu avec d'autant plus de précision, d'énergie et d'harmonie. Dans cette esquisse, la voûte du front est moins dégagée, moins nette et moins délicate que dans l'estampe ; mais la suite du contour et sa transition au nez me paraissent naturelles et vraies. Un front comme celui-ci emporte la certitude de bien voir et de bien juger les choses ; et, à cet égard, il le dispute au précédent, du moins quant à la section inférieure : le regard est aussi plus sain et plus pénétrant. Dans les deux figures, les narines ont une égale finesse ; et la chevelure indique un homme intelligent, doux et traitable.

2. Dans cette tête-ci je reconnais un esprit entreprenant, qui se porte avec ardeur à tout ce qu'il fait, et qui poursuit sans relâche ce qu'il a une fois commencé. Je lui attribue plus de raison pratique que de pénétration philosophique. Il est beaucoup plus porté à la colère que Kleinjogg ; il saisira mieux les détails, mais il n'embrassera pas si bien l'ensemble. Le front en particulier est du nombre de ceux qui renferment une multitude d'idées clairement aperçues et clairement développées. Toute la forme convient parfaitement à un homme d'affaires dans une condition médiocre.

3. Vous trouverez dans le troisième plus de finesse, de douceur, de sensibilité et même d'esprit. Il a du

penchant à la dévotion, et ce penchant est un besoin pour lui. Chaque trait peint un homme calme et posé, qui réfléchit mûrement et qui examine à son aise. Le front est presque sans saillie; rien de hardi ni de dur dans sa coupe, rien qui porte la marque d'un génie audacieux ou créateur. Il annonce plus de sagesse que de sagacité, et c'est l'opposé du 2, qui laisse entrevoir plus de sagacité que de sagesse. D'ailleurs, l'ensemble de la physionomie est très-harmonique : l'œil, la bouche, le nez et le menton, tout répond au caractère fondamental, tout est plein d'un même esprit, d'un esprit attentif.

Pl. 56.

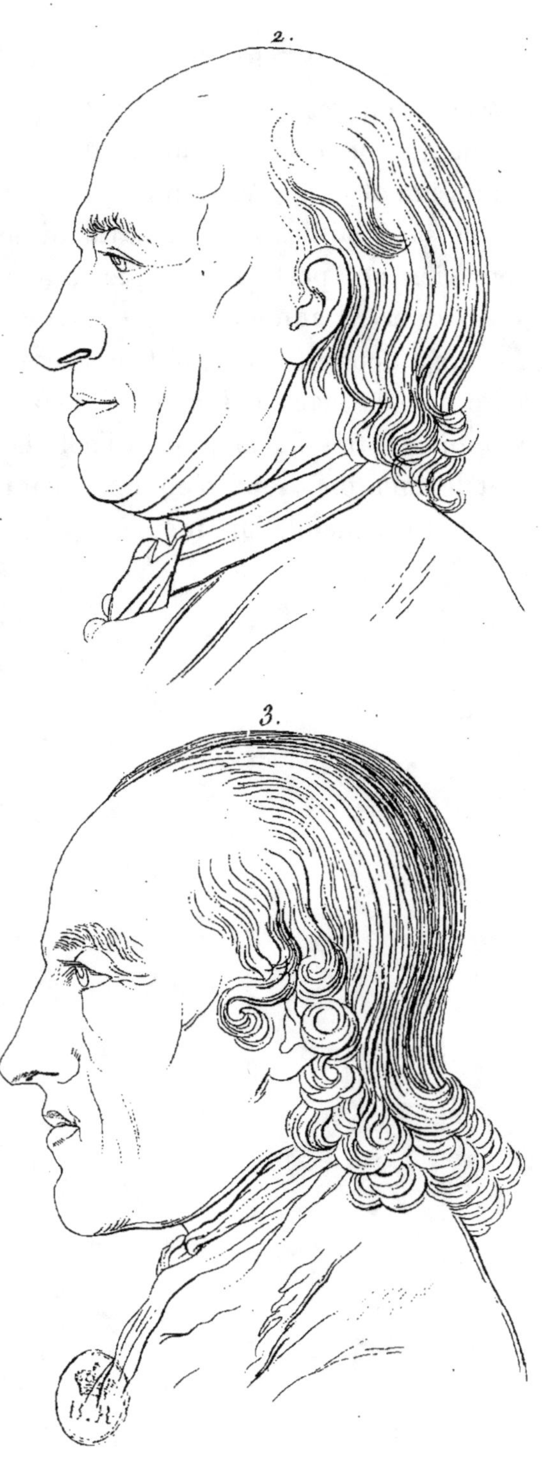
2.
3.

Pl. 57.

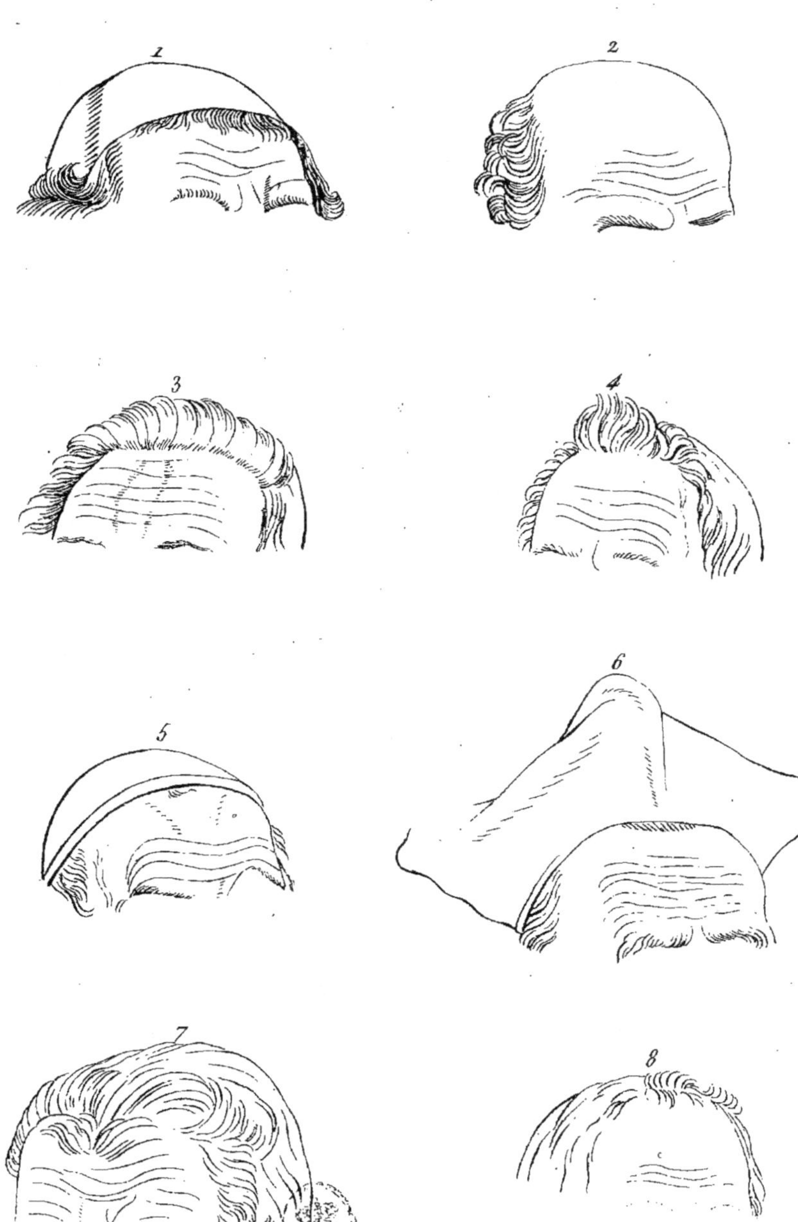

Voici plus que jamais le moment de faire l'application générale, suivant laquelle nous avons posé en principe que tout est homogène dans l'homme, que chaque partie, et chaque fragment de la partie, conserve plus ou moins le caractère de l'ensemble. La plus petite ride du front est analogue à la structure du front entier, ou, en d'autres termes, elle est un effet de l'ensemble. Or, il n'y a point d'effet sans cause, et chaque chose remonte à sa source. Tel le terroir, et tels les fruits qu'il produit; tel le front, et telles les rides qui s'y forment. Les fronts tout unis ne sont pas moins rares que les caractères entièrement bons ou entièrement méchans. Le trait le moins perceptible est encore une ligne physionomique. Examinez les visages des imbécilles-nés, rien de plus parlant ni de plus frappant que les rides de leurs fronts; elles sont toujours en grand nombre, profondément tracées, croisées et entrecoupées. Les rides qu'imprime le souci diffèrent prodigieusement de celles qui sont l'effet de la joie. Dans une méditation sérieuse, la peau du front se plisse tout autrement que dans l'enjouement.

Parmi les fronts placés dans la planche ci-jointe, il n'en est pas un qui soit ou assez uni, ou d'un assez grand style pour que les rides seules nous inspirent du respect; mais il est vrai aussi que, pour les rendre plus sensibles, le graveur les a un peu renforcées; et l'expression physionomique souffre toujours, quand les rides du front sont trop fortement prononcées, et surtout quand la contraction de la peau n'est pas un mouvement volontaire. Les quatre premiers fronts de la planche appartiennent à des gens sensés. Difficultueux à l'excès, le 1 s'épuise en plans et en projets. Le 2 a de la capacité et une mémoire étonnante ; mais je ne lui trouve rien de grand. 3 est judicieux sans beaucoup de pénétration. 4 a le plus de génie et le plus de raisonnement.

A en juger par la forme et par les rides, 5 me paraît le plus sage des quatre derniers. 6 est plus énergique , plus pénétrant, plus ferme ; mais il est presque trop raisonnable. Le 7 est un caractère d'airain, qui a moins de réflexion et plus de force que les précédens : il ne prend pas facilement des impressions , il y résiste long-temps et s'en défie ; mais une fois reçues, elles sont ineffaçables chez lui : qu'il se garde donc bien d'adopter une idée, à moins d'en avoir suffisamment reconnu la vérité. Mon sentiment et mon expérience m'entraînent de préférence vers le 8 : pureté, générosité , sérénité , tranquillité et douceur, il a tout cela ; et en outre, un caractère aimant, mais qui mettra dans ses attachemens plus de constance que de chaleur.

Pl. 58.
a   b   c   d   e   f
g
h   i   k   l   m   n   o

CES sortes de fronts n'existent point dans la réalité ; une telle perpendicularité et une telle courbure ne sauraient aller ensemble, l'une exclut l'autre. Dans toutes ses organisations la nature répugne aux lignes droites, elles ne se trouvent nulle part ; et, comme progression d'une courbe, elles impliquent contradiction. Le contour *f* est le plus révoltant des six. *a* commence à rentrer dans l'ordre des êtres possibles ; mais les autres en sortent par degrés. Plus un front approchera de l'une de ces formes, et plus il sera dénué de chaleur et d'imagination : il suppose nécessairement un esprit lent et un tempérament glacé.

Quelle différence entre tous ces fronts et celui sous la lettre *g* ! Comme ce dernier est naturel ! comme il nous met à notre aise ! Car tout ce qui s'écarte de la nature nous fait souffrir ; au lieu qu'une forme régulière nous plaît et nous réjouit. Celle-ci ne s'élève pas jusqu'à la supériorité ; mais elle dénote un jugement sain et net, une force productrice, les dons de la réflexion et de l'éloquence.

Depuis *h* jusqu'à *o*, le sinus frontal se renforce toujours davantage ; et l'expression physionomique qui résulte de ces cavités, en devient de plus en plus fatale. A toute rigueur, le front *h* pourra être encore sensé ; mais le *i* l'est déjà moins, et ne formera jamais que des idées imparfaites ou confuses. Le *k* vaut un peu mieux que le *i*, et le *l* l'emporterait sur le *k* s'il penchait davantage en arrière ; *m* est livré à cette espèce d'opiniâtreté qui est l'apanage des esprits faibles ; et

ce défaut devient encore plus sensible à l'égard de *n*
et *o*.

Pour peu qu'on ait d'instinct, de tact et d'expérience,
pour peu qu'on ait étudié les formes et le style de la
nature, on est sûr, à n'en pas douter, qu'avec des
fronts pareils à ceux-ci, le reste du visage est complétement irrégulier et rebutant.

Vous pouvez m'en croire sur ma parole : de tous ces
contours il n'y en a pas un seul qui soit possible dans
la réalité ; ou bien, s'il pouvait exister, il emporterait
infailliblement la plus grande faiblesse d'esprit, pour
ne pas dire une imbécillité complète. Votre propre tact
aura déjà prévenu ou confirmé cette décision ; sinon,
faites-en l'épreuve vous-même, parcourez mille silhouettes, étudiez dix mille fronts (j'en ai étudié mille
et dix mille), et vous retrouverez par-tout, comme moi,
le langage constant de la vérité. Il peut y avoir des
fronts semblables aux cinq *b-f;* mais jamais ils ne se
termineront ainsi en pointe. Jamais les lois de la nature n'ont associé cette pointe ; cette transition rapide
avec une courbe aussi décidée, et tout ce qui contre-
dit la nature est faux ou grotesque. Dans les fronts *d*,
e, *f*, le passage au nez devrait être doux, et presque
sans échancrure. Observez, je vous prie, la concavité
de *b*, retenez-la bien, cherchez-la, et si vous l'aper-
cevez dans un seul personnage tant soit peu distingué,
nommez-le-moi, et je ferai volontiers telle amende
qu'on voudra.

Toutes ces formes *g*, *h*, *i*, *k*, *l*, *m*, *n*, sont contraires

Pl. 59.

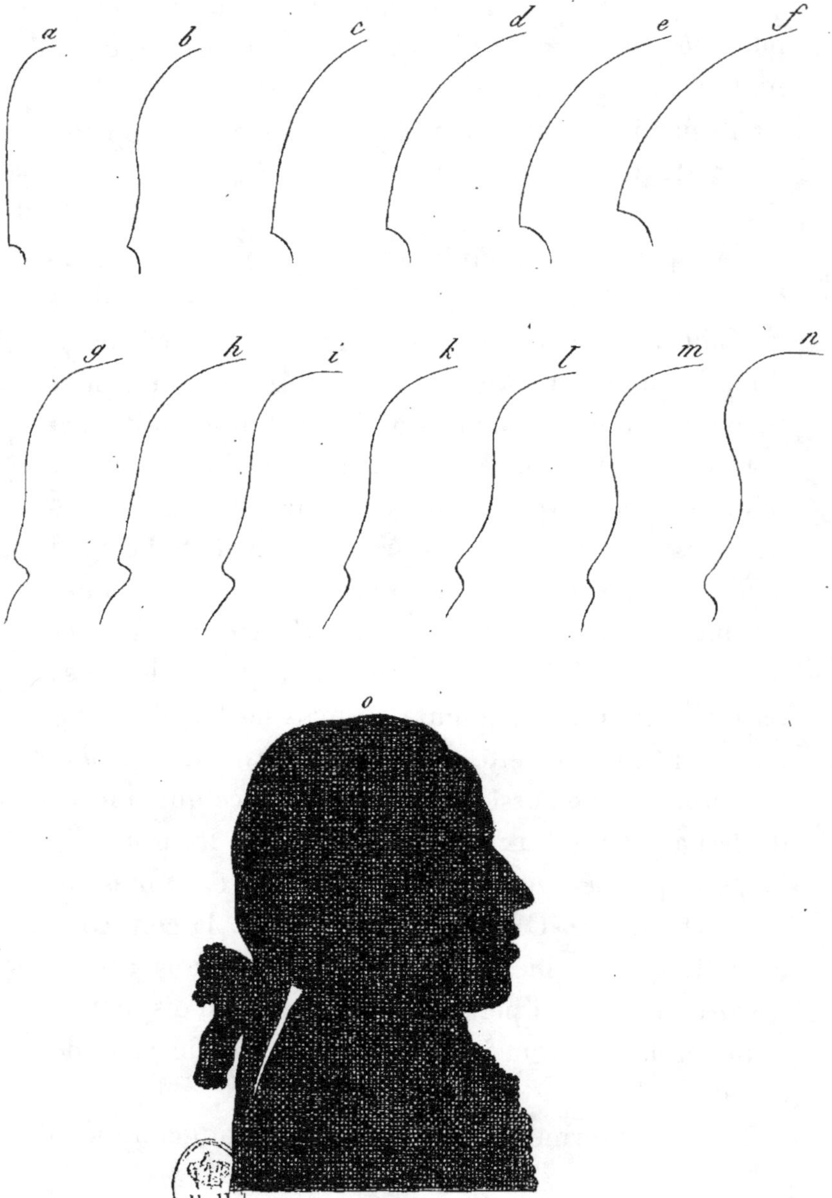

a b c d e f

g h i k l m n

o

à la nature ; *g* seul la rappelle encore plus ou moins. Il y aurait une certaine noblesse dans *h,* sans la pointe aiguë qui le termine ; *i* tombe dans l'endurcissement : je lui crois de la mémoire ; mais il pèche par le cœur autant que par le raisonnement. *k-n* sont des caricatures affreuses de l'opiniâtreté la plus inflexible.

Mettons ici en contraste un front ouvert *o,* prompt à saisir et à développer ses idées. Je reconnais dans ce profil une douce sensibilité, mais qui ne se portera jamais à un fol enthousiasme ; de la justesse, de la facilité et de la clarté dans l'esprit ; un jugement exquis, toujours appuyé sur de bons principes, une droite et saine raison, qui, sans étouffer les mouvemens du cœur, sait les contenir dans des bornes légitimes : je ne me promets pas moins de l'original.

La forme du front décide de la forme entière du visage ; cette seule partie suffit à l'observateur pour juger de l'ensemble et pour établir ses inductions. Que le contour du front soit exactement dessiné, on verra d'abord si le reste du profil est bien rendu ou non.

Les silhouettes 1, 2, 3, représentent le même individu, mais elles n'ont pas été tirées avec la même justesse. Quoique je n'aie jamais vu l'original, je crois pourtant qu'abstraction faite du bas du nez, la copie 1 est la plus fidèle ; 3 est d'un caractère plus rude et plus superficiel que 2, et celui-ci est inférieur au 1, quant aux traits voisins de la bouche.

Il y a plus de continuité dans le n° 1. Indépendamment d'une certaine naïveté enfantine, on y trouve de la précision, de la profondeur et de la force, non celle qui va jusqu'à la véhémence, mais cette espèce de force qui n'est que le ressort d'une douce élasticité : le front seul indique déjà une structure délicate, peu faite pour les mouvemens impétueux.

Dans le 4, tout annonce l'élévation ; on y reconnaît aussi un esprit violent, inquiet, qui cherche toujours à se produire. D'une conception extrêmement rapide, il n'analyse pas ses idées avec le sang-froid de la réflexion. Rarement il jettera un regard en arrière : cet homme a l'orgueil des grandes ames, mais il doit combattre l'opiniâtreté, et c'est une rude tâche. Cependant, si un objet intéressant vient le distraire, il pourra, du moins pour quelques momens, plier son caractère altier.

L'enfoncement presque imperceptible du front donne

Pl. 60.

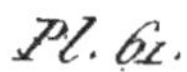

1.

2.

3.

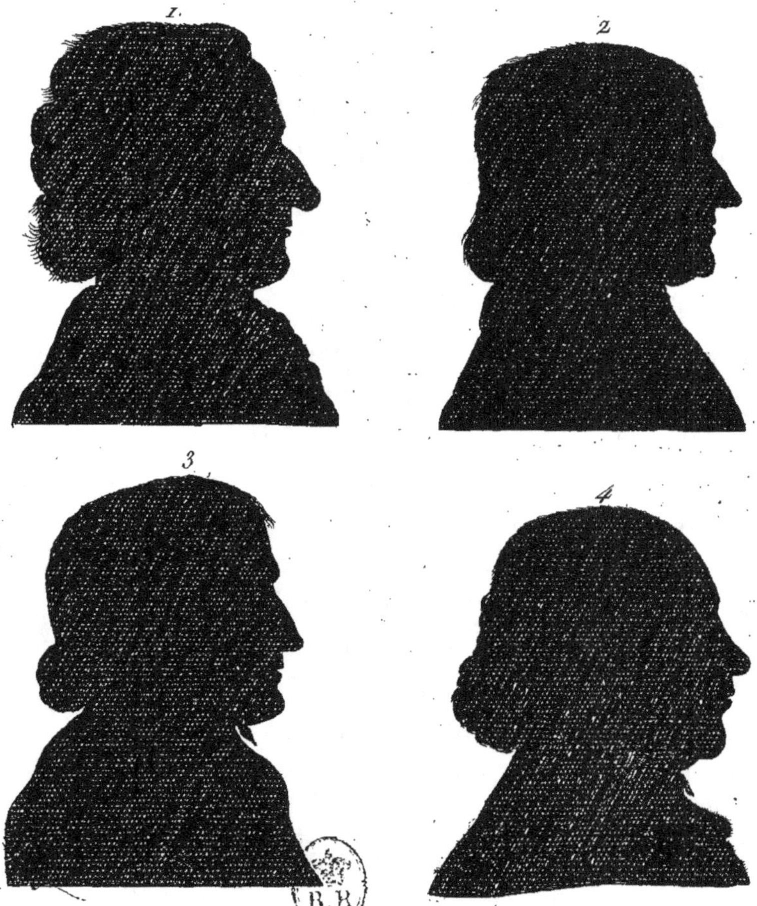

4.

un air plus sévère et moins traitable à la silhouette,
n° 5; la bouche aussi est plus raisonnable, plus sévère,
et par conséquent moins douce que celle du n° 4.

QUATRE silhouettes tracées par une main peu sûre
(pl. 61.) : elles font plutôt deviner des hommes extraordinaires qu'elles ne les annoncent. Les lèvres sont
toutes estropiées, et, par cette raison, l'expression en
est ou vague ou mesquine. Ces physionomies, que je
ne connais pas, au reste, sont très-judicieuses, pleines
de sérénité, de franchise et de droiture d'esprit. Le 4
est un brave homme dans toute la force du terme : ses
traits contrastent le plus avec le 1; mais cette différence ne fait aucun tort à celui-ci : il est à la vérité
moins entreprenant que l'autre, mais il approfondit les
choses davantage, et les analyse mieux. Quoique le
nez du 2 soit certainement manqué dans le dessin, il
décèle pourtant une extrême finesse de sens et d'esprit.
Je choisirais de préférence le 3 pour mon conseiller ;
et, dans les affaires importantes, j'éviterais soigneusement tout ce qui n'obtiendrait point son approbation.
Voilà de ces gens qu'il faudrait placer dans les cabinets
des princes : avec de tels guides, il n'est guère possible
de commettre de grandes imprudences.

Je vais mettre sous les yeux de mes lecteurs différens profils d'un des plus grands hommes de notre siècle : ces copies fourniront un texte intéressant à mes remarques physiognomoniques sur le front et sur l'occiput. Mon commentaire était prêt depuis long-temps ; mais, avant de le publier, je souhaitais toujours de voir en personne celui qui en fait le sujet. J'eus enfin cette satisfaction au mois d'août 1785, et j'en fus redevable au comte de Reuss et à son épouse. J'étais persuadé d'avance que je découvrirais dans l'original bien des choses que je chercherais inutilement dans ses portraits, bien des détails qui échappent même aux peintres les plus célèbres pour le talent des ressemblances. Mes conjectures ont été pleinement confirmées. Le moyen de reproduire, par le dessin ou par le burin, et sur-tout dans des bustes, une grande stature, complète et homogène dans toutes ses parties ; la noble simplicité de son maintien, sa démarche sûre et légère, le teint mat, sans être pâle, qu'on peut appeler la couleur de la méditation, et cette carnation délicate qui n'appartient qu'au penseur ! Encore faut-il passer sous silence ce qu'il y avait d'expressif et de significatif dans le premier accueil que me fit M. Bonnet ; car c'est de lui que je parle. Il en est des portraits de ce savant comme de tous ceux des hommes supérieurs : ils sont reconnaissables, sans être parfaitement ressemblans.

Les quatre portraits que nous allons examiner ont tous un fonds de bonhomie et de réfléxion. Dans la silhouette, qui pourtant n'est pas de la dernière exactitude, le front a été rendu avec plus de vérité : il nous

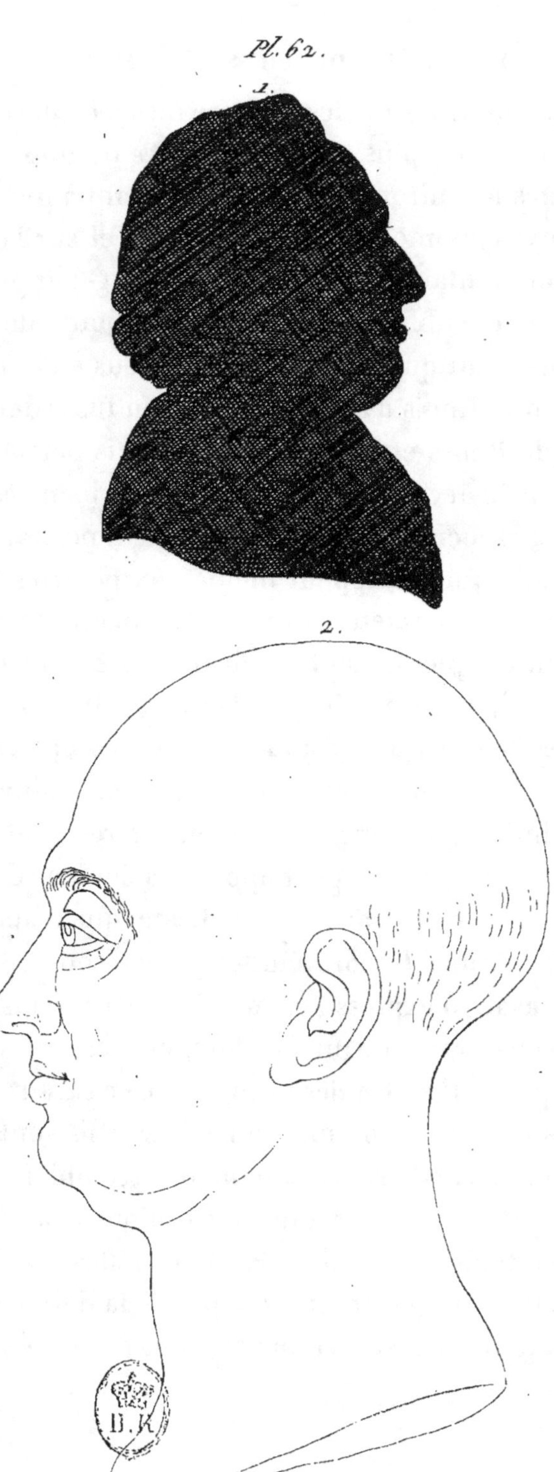

Pl. 62.
1.
2.

montre le plus distinctement le penseur analyste.

Je n'en dirai pas autant du profil n° 2 , qui est l'ouvrage récent d'un ami particulièrement attaché à M. Bonnet. Il est possible que la copie ait plus ou moins perdu entre les mains du graveur ; mais comme elle a été burinée sur le dessin même , la forme principale n'a guère pu être altérée. Celle-ci est cependant trop alongée ; et, par-là même, elle ne rend pas justice à la pénétration de l'original. Malgré ce défaut , je me déclare de préférence pour cette tête-ci , par rapport à l'occiput, quoique cette partie encore ne soit pas assez nuancée. Couvrez tout ce qui tient au visage proprement dit , ne montrez au physionomiste que cet occiput seul , il ne balancera pas un instant de lui attribuer une capacité immense. Il ne sera pas étonné , ou du moins il ne vous démentira pas , si vous lui dites : « C'est ici une sphère d'idées claires , distinctes et bien rangées , que toute autre organisation ne saurait embrasser, ni seulement mesurer. Il n'y a dans cette multitude d'idées , ni confusion ni opposition. Les vastes productions de cet esprit portent , et dans l'ensemble , et dans chaque partie, la clarté , l'exactitude et la précision. Peu de mortels réunissent , comme celui-ci , tant de pénétration , tant de connaissances et tant d'ordre : trois choses qui concourent si rarement, ou qui ne se trouvent presque jamais dans un juste rapport. Cette tête contient le germe de vingt-quatre volumes d'écrits philosophiques , dans lesquels règne un même esprit de netteté, de profondeur et d'harmonie. On n'a pas vu Bonnet , quand on n'a pas vu son crâne.

Pour cette partie seule, une tête aussi extraordinaire, aussi unique, mériterait d'être moulée en plâtre, et placée dans toutes les académies. Il n'en faudrait pas davantage pour ramener à notre science les incrédules les plus opiniâtres ; car il est décidé que , si j'excepte peut-être Haller, on aura de la peine à citer un génie qui ait l'étendue prodigieuse et l'universalité de celui de Bonnet; et il est également positif qu'un crâne pareil au sien est un phénomène tout aussi rare , et peut-être unique. Quel avantage pour la physiognomonie , ou , ce qui revient au même , pour la connaissance philosophique et pratique de l'homme , si un habile mathématicien parvenait à indiquer et à évaluer toutes les gradations dont la courbure, dont la voûte de l'occiput est susceptible, depuis les têtes les plus sublimes jusqu'aux têtes les plus communes et les plus vides de sens !

Disons un mot encore du devant de ce profil. Que ce soit la faute du dessinateur ou celle du graveur , qu'ils partagent mes reproches l'un et l'autre , ou qu'ils en soient exempts tous deux, il n'en est pas moins sûr que le visage est à peine ressemblant, et qu'il ne conserve absolument rien du caractère de l'original. Ce caractère, j'en conviens , n'a pas été parfaitement exprimé non plus dans les bustes suivans , mais il y reparaît pourtant jusqu'à un certain point. La méditation et la bonhomie sont les deux traits fondamentaux de la physionomie de M. Bonnet; et je n'aperçois ici ni l'un ni l'autre. L'œil n'est rien moins que méditatif; il est dissonant au possible avec l'occiput. Toute la sec-

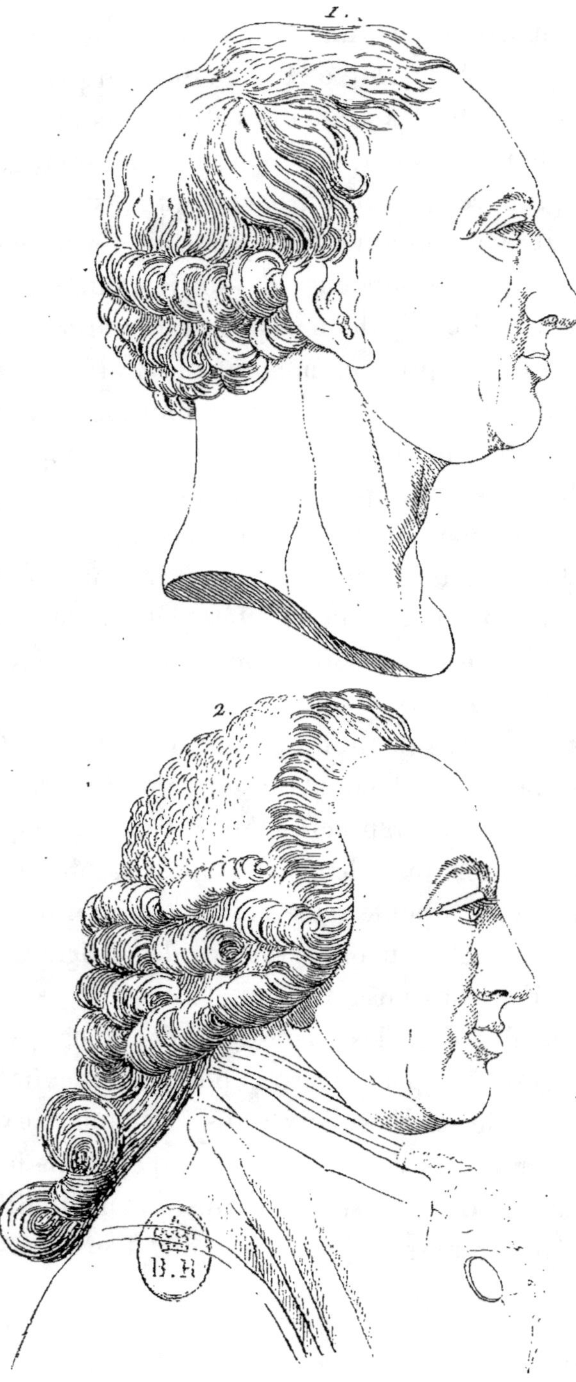

tion depuis la lèvre supérieure jusqu'au cou, est trop
arrondie, trop peu nuancée ; l'esprit et l'ame en ont
été, pour ainsi dire, effacés ; il n'y reste ni finesse, ni
précision, ni délicatesse. Le passage du front au nez a
même contracté un air mesquin, absolument incompatible avec une physionomie où tout est simplicité,
harmonie et homogénéité. Je le répète, et je m'en
plains tous les jours, il y a peu de dessinateurs et de
peintres physionomistes qui sachent se pénétrer du caractère d'un grand homme, et concentrer ce caractère
dans le portrait. Cette harmonie de l'ensemble, qui
fait précisément le beau de la nature, est presque toujours manquée dans les ouvrages de l'art. Le portrait
le plus connu et le mieux fait de M. Bonnet, est celui
de Juel, que j'ai vu dans l'étude de notre philosophe,
et qui est gravé à la tête de la grande édition de ses
œuvres. Ce morceau mérite certainement, à plusieurs
égards, de justes éloges ; j'en admire la noble simplicité, l'esprit de réflexion et de méditation que le peintre
a répandu sur toute la figure, et qui s'étend jusqu'à
l'extrémité des doigts ; de manière qu'on peut dire,
sans affectation, que la main médite aussi bien que la
tête. J'ai retrouvé avec plaisir dans ce tableau, l'homme
chez lequel une attention inaltérable semble être la
mère du génie; mais, en comparant soigneusement
l'original avec la copie, on aperçoit bientôt dans cette
dernière plusieurs imperfections qui sont plus aisées à
sentir qu'à indiquer. Je ne releverai point le défaut,
presque impardonnable de raccourcir la taille, lorsque
le portrait est fait en grandeur naturelle : raccourcisse-

ment qui donne toujours à la figure un dehors enfantin et un air de petitesse. Je ne parle que du front, et de quelques légères nuances infiniment significatives, que nos artistes sacrifient impitoyablement à je ne sais quel décorum imaginaire, en dépit des règles de la nature, qui observe si bien la décence en toutes choses. Le siége de la méditation est évidemment fixé entre les sourcils : c'est là sa seule et véritable place. Est-elle vide, la prétendue méditation n'est plus qu'une vaine grimace, ou tout au plus une affaire de mémoire. Long-temps avant que j'eusse fait la connaissance de M. Bonnet, j'étais sûr, aussi sûr qu'on peut l'être de ce qu'on n'a pas vu, que je découvrirais dans cette partie de son visage les traces de la concentration : en effet, je n'eus pas besoin de les chercher péniblement.

Ajoutons quelques observations sur les profils de la planche 63. Il y a beaucoup de vrai dans l'un et dans l'autre ; et ils ne sont pas indignes de cet homme unique, qui, pour la justesse, la clarté, l'abondance, l'ordre et la combinaison des idées, n'a peut-être pas son égal. Il n'y a que des imbécilles qui puissent s'imaginer qu'une pareille physionomie soit celle d'un être borné. Le calme de la sagesse, une douce philosophie, qui s'occupe de la recherche de la vérité, et qui suit assidûment son but, une force d'esprit qui ne laisse rien échapper, et qui n'est point troublée par une ardeur impétueuse, c'est ce qui doit nous frapper dans ces deux têtes : on ne saurait y méconnaître le penseur. Celle du médaillon semble avoir plus de finesse, et en même temps un caractère plus mâle que celle d'en

Pl. 64.

bas ; mais cette dernière est mieux nuancée et plus expressive ; elle dénote plus de facilité dans les idées, et par conséquent un fonds plus riche. Le contour du premier profil a le plus de fermeté, de finesse et d'exactitude ; mais la forme de la tête, pour être un peu trop raccourcie, n'a pas toute la délicatesse du second profil, lequel, dans son ensemble, pourrait bien être le plus ressemblant des quatre. Je termine ce fragment d'un fragment, en souhaitant que tous ceux qui prononcent le nom de Bonnet apprécient le mérite infini de ce savant respectable. Comme philosophe, je le place hardiment entre Leibnitz et Wolff ; comme naturaliste, entre Haller et Buffon ; comme écrivain, entre Montesquieu et Rousseau. Heureux celui de nous qui égale la droiture de son cœur, la simplicité de ses mœurs, sa vertu !

Pour peu que la forme soit incorrectement dessinée, pour peu que l'harmonie soit troublée, il est excessivement difficile de juger du visage. C'est cette forme, c'est cette harmonie, c'est l'*appariement* et la liaison de toutes les parties qui font la beauté de l'ensemble, et par conséquent aussi le mérite du dessin ; et cependant la plupart des artistes glissent légèrement sur tout cela. Vous voyez ici le même visage, présenté de quatre façons différentes. Supposé que l'une de ces copies soit exacte, il s'ensuit nécessairement que les trois autres ne le sont pas, quoiqu'elles conservent toutes un fond de ressemblance, et que chacune nous annonce un caractère bon et généreux. Il faut de deux choses l'une, ou que le regard de l'original ne dise rien, ou, ce qui est plus apparent, que le coup-d'œil du dessinateur ne vaille rien, qu'il ait mal observé, mal saisi et mal rendu son modèle ; car les trois derniers visages de la rangée ont des yeux, et ne voient point (défaut qui n'est que trop commun), et néanmoins le front 2 semble promettre des yeux expressifs. Croira-t-on que j'aperçois dans 1 plus de vérité et plus d'énergie que dans les trois autres ensemble? On ne saurait se vanter d'avoir approfondi un visage, quand on ne l'a pas étudié au moins sous ces quatre faces différentes. Or, de toutes les attitudes possibles, il n'en est point de plus positive, de moins vague et de moins illusoire que celle qui laisse voir par derrière le contour extérieur du front, l'os de la joue et l'extrémité du nez. Il y a moins d'ame et moins de droiture de sens dans les visages 2, 3, 4 réunis, que dans 1 pris à part.

TENONS-NOUS-EN LA. Il nous reste encore tant de matériaux qui doivent entrer dans cet ouvrage ! et nous aurons d'ailleurs assez souvent l'occasion de revenir au front, au profil et à la forme du visage. Bornons-nous donc ici à réitérer nos prières au lecteur attentif, qui travaille sérieusement à la recherche de la vérité, qui attend d'elle son bonheur et celui de ses semblables. Nous l'exhortons à étudier de plus en plus la forme du visage en général, et celle du front en particulier ; qu'il considère ces deux objets comme le fondement de la physiognomonie, puisqu'ils n'admettent pas le moindre déguisement, et qu'ils aident à faire connaître tout le reste.

Pour faciliter cette étude, j'ai inventé, il y a déjà plusieurs années, une espèce de frontomètre qui devait
servir à déterminer la base du front, et par conséquent
la somme de tous ses rayons. J'ai donné aussi dans la
physiognomonie allemande la description et le modèle
de cette machine ; mais, comme il est impossible de la
décrire ou de la dessiner avec assez de justesse pour la
faire exécuter suivant mes idées, et que son usage ne
m'a paru ni assez commode, ni assez sûr, j'ai pris le
parti de supprimer la planche que j'avais fait graver
pour l'édition française. On peut se tirer d'affaire, en
attendant, avec des formes de front, moulées en gypse,
qui sont faciles à dépecer, et qu'on pose ensuite sur le
papier pour les dessiner. Il se pourrait que j'indiquasse
encore à la fin de mon ouvrage une méthode plus
simple, pour résoudre les formes du visage et les rapports du front.

Note. Le front de l'homme ne ressemble à celui d'aucun animal. C'est donc à tort que quelques physionomistes se sont effor-
cés d'établir à cet égard des rapprochemens que rien ne peut justifier. Chaque animal créé manqua-t-il jamais à son instinct ;
chaque espèce n'a-t-elle pas une perfection qui lui est particulière ; et le chat, par exemple, sur le front duquel est écrit *per-
fidie*, n'est-il pas le plus fin, le plus souple et le plus rusé de
tous les animaux. L'homme ne peut donc être comparé qu'à lui-
même. N'en dégradons pas la dignité, en le forçant, comme les
animaux, a courber son noble front vers la terre.

J.-P. M.

VI.

DES YEUX ET DES SOURCILS.

§ I. DES YEUX.

JE puis abréger, sans risque, un sujet que M. de Buffon a traité avec tant de supériorité , un sujet dont il sera question en plus de cent endroits de mon ouvrage , et que je dois reprendre encore presqu'à chaque page. D'ailleurs, il n'est point de théorie qui puisse nous donner , sans dessins , des idées distinctes en physiognomonie, ni établir des préceptes infaillibles dans l'application ; et quand même cela serait, le grand nombre de nos observateurs de société préféreraient toujours s'en tenir aux mouvemens et à la pathognomonique de l'œil, plutôt que de le juger sur les contours , ou sur l'espèce de solidité qu'on peut adopter comme le contraste de sa mobilité. En attendant , j'ose me flatter que mes observations succinctes ne seront pas absolument sans intérêt pour le lecteur attentif.

Les mouvemens de l'œil, quels qu'ils soient , ne sont que des résultats de sa forme et de sa nature spécifique. Quand on connaît le caractère général de l'œil, on peut se figurer mille mouvemens individuels qui lui seront exclusivement propres dans une infinité de cas donnés. Je dis plus , sa forme seule, son contour , ou même une simple section exacte de contour , suffira au physionomiste exercé pour déterminer en plein le caractère physique, moral et intellectuel de l'œil.

Commençons par quelques observations mêlées, que mes expériences m'ont fournies.

Les yeux bleus annoncent plus de faiblesse, un caractère plus mou et plus efféminé, que ne font les yeux bruns ou noirs. Ce n'est pas qu'il n'y ait des gens très-énergiques avec des yeux bleus ; mais, sur la totalité, les yeux bruns sont l'indice plus ordinaire d'un esprit mâle, vigoureux, profond ; et le génie proprement dit s'associe presque toujours à des yeux d'un jaune tirant sur le brun.

Il serait intéressant d'examiner, comme une exception à cette règle, pourquoi les yeux bleus sont si rares en Chine et aux îles Philippines ; pourquoi on ne les y trouve jamais qu'à des Européens ou à des créoles, tandis que les Chinois sont le plus mou, le plus voluptueux, le plus paisible et le plus paresseux de tous les peuples de la terre.

Les gens colères ont des yeux de différentes couleurs, rarement bleus, plus souvent bruns ou verdâtres. Les yeux de cette dernière espèce sont, en quelque sorte, un signe distinctif de vivacité et de courage.

J'ai vu rarement des yeux bleus-clairs à des personnes colères, et presque jamais à des mélancoliques. Cette couleur semble s'attacher particulièrement aux flegmatiques qui conservent encore un fonds d'activité.

Quand le bord, ou la dernière ligne circulaire de la paupière d'en haut décrit un plein cintre, c'est la marque d'un bon naturel et de beaucoup de délicatesse, quelquefois aussi d'un caractère timide, féminin ou enfantin.

Des yeux qui, étant ouverts, ou qui n'étant pas comprimés, forment un angle alongé, aigu et pointu vers le nez, appartiennent, pour ainsi dire, exclusivement à des personnes, ou très-judicieuses, ou très-fines. Le coin de l'œil est-il obtus, le visage a toujours quelque chose d'enfantin.

Lorsque la paupière se dessine presque horizontalement sur l'œil; et coupe diamétralement la prunelle, je m'attends ordinairement à un homme très-fin, très-adroit, très-rusé; mais il n'est pas dit pour cela que cette forme de l'œil exclue la droiture du cœur; je me suis convaincu souvent du contraire.

Des yeux larges, où il paraît beaucoup de blanc au-dessous de la prunelle, sont communs au tempérament flegmatique et au tempérament sanguin. Mais dans la comparaison on les distingue aisément : les uns sont faibles, battus et vaguement dessinés; les autres sont pleins de feu, fortement prononcés et moins échancrés; ils ont des paupières plus égales, plus courtes, mais en même temps moins charnues.

Des paupières reculées et fort échancrées annoncent, la plupart du temps, une humeur colérique; on y reconnaît aussi l'artiste et l'homme de goût. Elles sont rares chez les femmes, et tout au plus réservées pour celles qui se distinguent par une force d'esprit ou de jugement extraordinaire.

A la suite de ces observations, je citerai celles de deux écrivains dignes à tous égards de faire autorité.

I. M. DE BUFFON.

« C'EST sur-tout dans les yeux que se peignent les
» images de nos secrètes agitations, et qu'on peut les
» reconnaître : l'œil appartient à l'ame plus qu'aucun
» organe ; il semble y toucher, et participer à tous ses
» mouvemens ; il en exprime les passions les plus vives
» et les émotions les plus tumultueuses, comme les
» mouvemens les plus doux et les sentimens les plus
» délicats ; il les rend dans toute leur force, dans toute
» leur pureté, tels qu'ils viennent de naître ; il les trans-
» met par des traits rapides qui portent dans une ame
» le feu, l'action, l'image de celle dont ils partent ; l'œil
» reçoit et réfléchit en même temps la lumière de la
» pensée et la chaleur du sentiment : c'est le sens de
» l'esprit et la langue de l'intelligence.

» Les couleurs les plus ordinaires dans les yeux sont
» l'orangé et le bleu, et le plus souvent ces couleurs se
» trouvent dans le même œil. Les yeux que l'on croît
» être noirs ne sont que d'un jaune-brun ou d'orange
» foncé ; il ne faut, pour s'en assurer, que les regarder
» de près ; car, lorsqu'on les voit à quelque distance,
» ou qu'ils sont tournés à contre-jour, ils paraissent
» noirs, parce que la couleur jaune-brun tranche si fort
» sur le blanc de l'œil, qu'on la juge noire par l'oppo-
» sition du blanc. Les yeux qui sont d'un jaune moins
» brun, passent aussi pour des yeux noirs ; mais on ne
» les trouve pas si beaux que les autres, parce que cette
» couleur tranche moins sur le blanc. Il y a aussi des

» yeux jaunes et jaunes-clairs : ceux-ci ne paraissent
» pas noirs, parce que ces couleurs ne sont pas assez
» foncées pour disparaître dans l'ombre. On voit très-
» communément dans le même œil des nuances d'o-
» rangé, de jaune, de gris et de bleu : dès qu'il y a du
» bleu, quelque léger qu'il soit, il devient la couleur
» dominante. Cette couleur paraît par filets dans toute
» l'étendue de l'iris, et l'orangé est par flocons autour et
» à quelque petite distance de la prunelle ; le bleu efface
» si fort cette couleur, que l'œil paraît tout bleu, et on
» ne s'aperçoit du mélange de l'orangé qu'en le regar-
» dant de près. Les plus beaux yeux sont ceux qui pa-
» raissent noirs ou bleus ; la vivacité et le feu, qui font
» le principal caractère des yeux, éclatent davantage
» dans les couleurs foncées que dans les demi-teintes de
» couleur ; les yeux noirs ont donc plus de force d'ex-
» pression et plus de vivacité ; mais il y a plus de dou-
» ceur, et peut-être plus de finesse dans les yeux bleus ;
» on voit dans les premiers un feu qui brille uniformé-
» ment, parce que le fond, qui nous paraît de couleur
» uniforme, renvoie par-tout les mêmes reflets ; mais
» on distingue des modifications dans la lumière qui
» anime les yeux bleus, parce qu'il y a plusieurs teintes
» de couleurs qui produisent des reflets différens.

» Il y a des yeux qui se font remarquer sans avoir,
» pour ainsi dire, de couleur : ils paraissent être com-
» posés différemment des autres ; l'iris n'a que des
» nuances de bleu ou de gris, si faibles, qu'elles sont
» presque blanches dans quelques endroits ; les nuances
» d'orangé qui s'y rencontrent sont si légères, qu'on les

» distingue à peine du gris et du blanc, malgré le con-
» traste de ces couleurs ; le noir de la prunelle est alors
» trop marqué, parce que la couleur de l'iris n'est pas
» assez foncée ; on ne voit, pour ainsi dire, que la pru-
» nelle isolée au milieu de l'œil ; ces yeux ne disent rien,
» et le regard en paraît fixe ou effaré.

» Il y a aussi des yeux dont la couleur de l'iris tire
» sur le vert ; cette couleur est plus rare que le bleu, le
» gris, le jaune et le jaune-brun ; il se trouve aussi des
» personnes dont les deux yeux ne sont pas de la même
» couleur : cette variété qui se trouve dans la couleur
» des yeux est particulière à l'espèce humaine, à celle
» du cheval, etc. »

II. Winckelmann.

Histoire de l'Art de l'antiquité. Tome II, page 134.

« La forme des yeux diffère dans les ouvrages de l'art
» comme dans ceux de la nature. Dans les images des
» divinités et dans les têtes idéales, elle diffère au point
» que les yeux en sont des traits caractéristiques. Dans
» les têtes de Jupiter, d'Apollon et de Junon, la coupe
» de l'œil est grande et arrondie ; elle est plus étroite
» qu'à l'ordinaire dans sa longueur, pour donner plus
» de majesté à l'arc qui la couronne. Pallas a pareille-
» ment de grands yeux, mais elle a les paupières bais-
» sées, pour donner à son regard un air plus virginal.
» Vénus, au contraire, a les yeux petits ; la paupière infé-
» rieure, tirée en haut, caractérise cette grace et cette
» langueur que les Grecs nomment ὑγρὸν. Ce sont des yeux

» de cette nature qui distinguent Vénus-Uranie, de Junon.
» De là vient que ceux qui n'ont pas fait cette observa-
» tion, ont pris la Vénus céleste pour une Junon, d'au-
» tant plus qu'elles sont toutes deux ceintes du diadème.
» Plusieurs artistes modernes, qui voulaient sans doute
» surpasser les anciens dans cette partie, se sont ima-
» giné de rendre le βοῶπις d'Homère, en donnant tant
» de saillie au globe de l'œil, qu'il déborde son orbite.
» C'est avec de pareils yeux que s'offre la tête moderne
» de la prétendue Cléopâtre dans la Villa Médicis ; les
» yeux de cette tête ressemblent assez à ceux des pendus.
» Cependant un sculpteur de nos jours paraît avoir pris
» pour modèle ces mêmes yeux dans la statue de la
» vierge Marie, placée dans l'église de *San Carlo al
» Corso*, à Rome. »

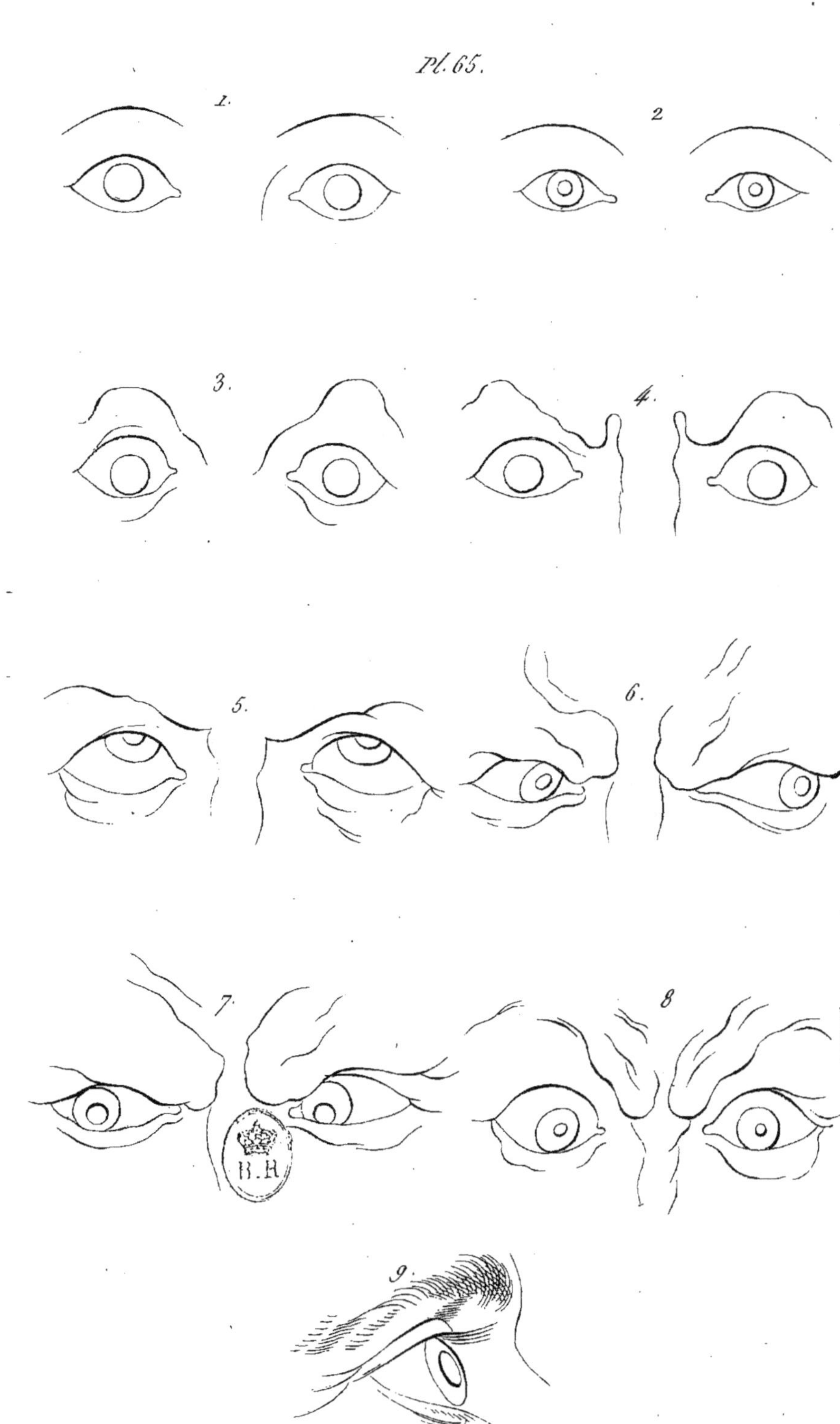

Pl. 65.
1
2
3
4
5
6
7
8
9
B.R

DIFFÉRENS CONTOURS DES YEUX.

Dans les simples contours de cette planche, l'expression varie depuis le repos le plus immobile, depuis le sang-froid de glace, jusqu'aux derniers excès de l'emportement et de la fureur; cependant il n'y a pas un seul de ces yeux qui soit naturel. On ne les confondra pas sans doute avec une autre partie du visage, on les devinera par des ressemblances et par des approximations; mais jamais le connaisseur ne les prendra pour des copies exactes de l'œil humain; elles en sont tout au plus des charpentes. 1 est d'une nullité totale; 2 a un air d'innocence; 3 et 4 doivent présenter vraisemblablement les lignes fondamentales d'un étonnement mêlé de frayeur; 5 est l'image imparfaite d'une douleur profonde qui cherche à s'exhaler; dans le 6 on a voulu peindre l'effroi de la peur; dans le 7, l'effroi de la colère; le 8 est un énergumène.

Prenons un instant de relâche en contemplant l'œil n° 9, dans lequel brillent l'ame et le génie d'une de nos poètes allemandes.

Parmi ceux-ci, il n'y en a pas un seul qu'on puisse appeler faible ou insensé.

1 me paraît infiniment judicieux et très-résolu, pour ne pas dire davantage ; c'est un œil de héros, quoique l'angle soit trop court, trop émoussé, et le contour de la paupière inférieure trop faiblement rendu.

Je remarque moins d'élévation d'âme dans le 2, qui peut-être suppose plus de précipitation que de fermeté soutenue : il est aussi plus passionné, plus mobile que le précédent ; et le sourcil, d'ailleurs incorrectement dessiné, n'est pas assez expressif.

Dans tous les yeux de cette planche, et dans le 3 surtout, il ne faut compter pour rien le contour inférieur, dont le dessin est vague et timide. A cela près, cet œil-ci est plein de hardiesse et de noblesse ; son regard saisira les objets promptement et bien, mais il n'en pénétrera pas toute la profondeur.

Le 4 est le plus passionné de tous, et il les surpasse aussi tous en fierté, en courage et en prétentions.

La force intensive du 5 est resserrée dans des limites étroites, et je serais tenté de l'appeler une force d'exécution.

La passion semble égarer plus ou moins le 6 ; il vacille entre le génie et la folie.

Les sourcils en général ne sont ni exacts, ni naturels, ni physionomiques.

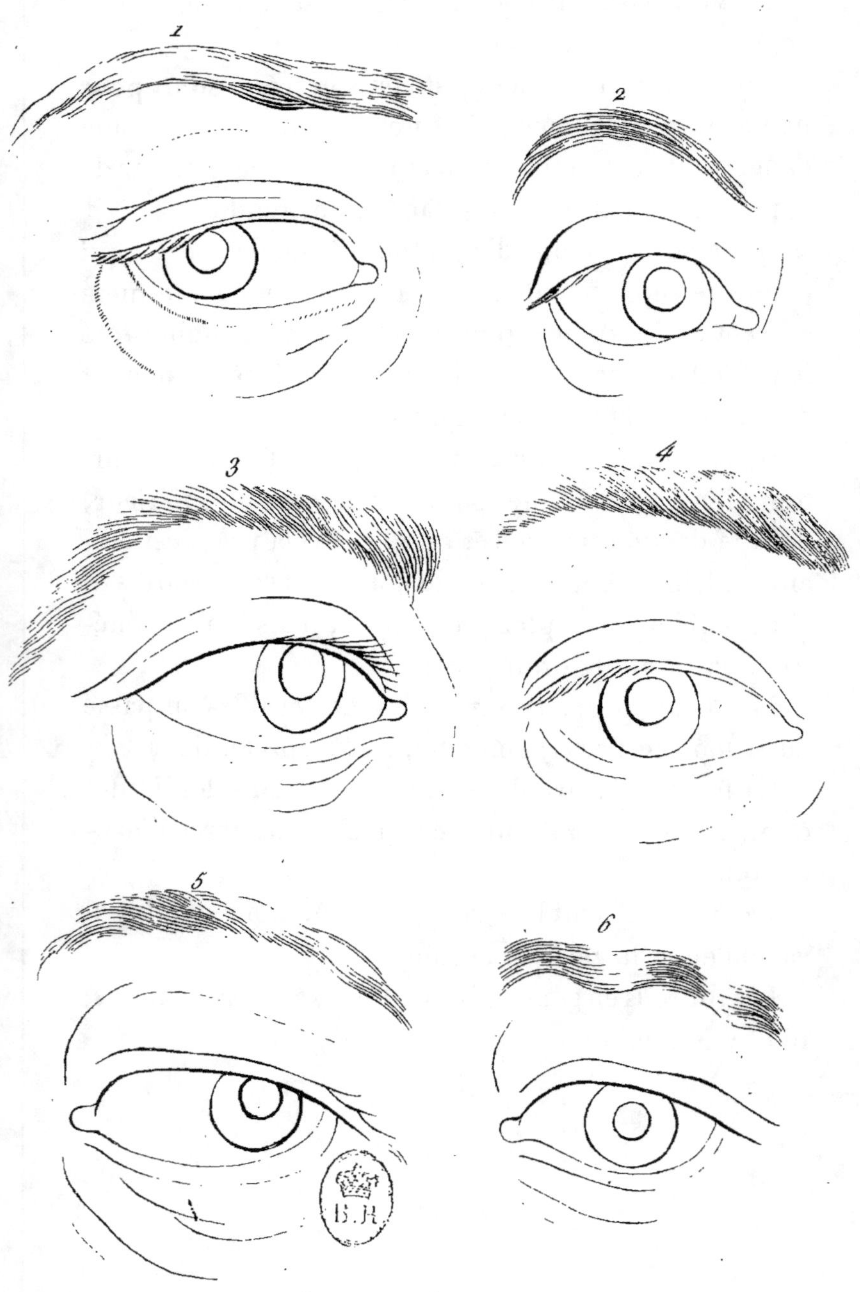

Pl. 66.
1
2
3
4
5
6

Pl. 67.

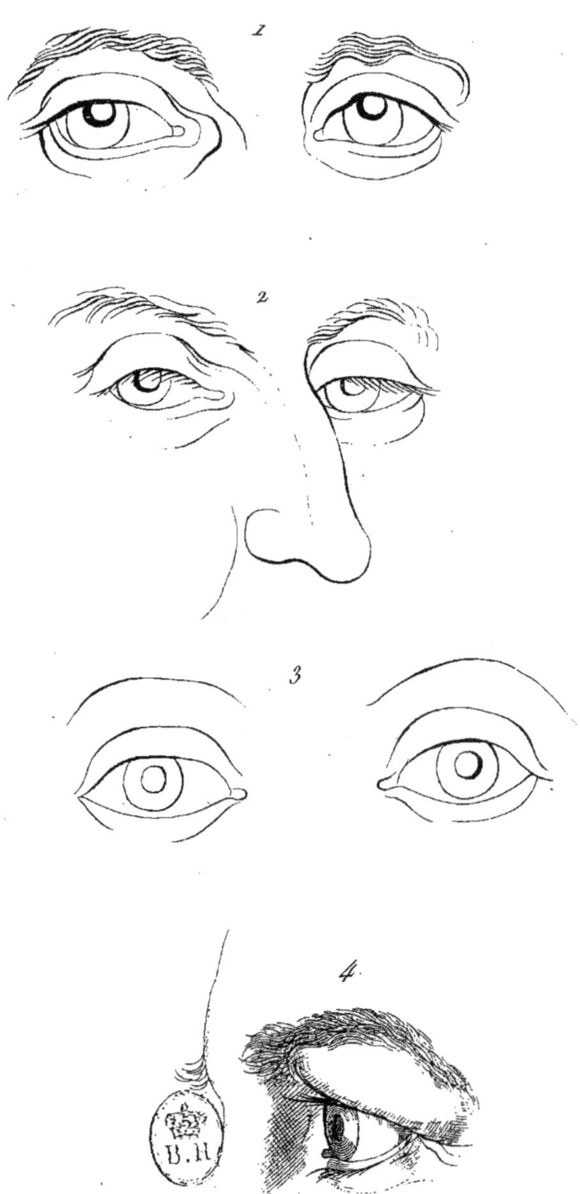

Les yeux dessinés dans cette planche, n° 67, sont d'un caractère différent ; d'ailleurs, ils manquent de précision et de vérité.

Dans 1, les sourcils forment un contraste choquant avec les yeux : ceux-ci portent l'empreinte du génie ; ceux-là ne signifient rien du tout.

Le regard du 2 est d'une prudence consommée : ce sont les yeux d'un sénateur ou d'un ministre, qui s'enfonce dans les calculs de la politique, qui attire ou repousse les esprits d'une manière décisive, qui les accable souvent ; mais qui, à tout prendre, est un homme essentiel au poste qu'il occupe ; pour vouloir jouir de tout, il ne jouit de rien, parce qu'il ne sait pas se faire aimer. Le nez aussi est en parfaite harmonie avec les yeux, et ne décèle pas moins de sagesse.

3 est plus une esquisse qu'un dessin fini : de tels yeux ne peuvent appartenir qu'au visage d'une jeune fille ; ils sont incapables d'attention, sans expression, sans but et sans plan.

4 est celui d'un jeune homme de grande espérance ; son regard juste et rapide embrassera tout, et il réussira certainement dans les imitations de l'art.

Des sourcils aussi sauvages (planches 68 et 69) et en même temps aussi maniérés, ne se trouvent point dans la nature.

Les yeux mêmes manquent de calme et de douceur ; mais on y remarque une force extraordinaire, ou du moins des prétentions à cette force.

3 est le plus serein, le plus profond, celui qui tient le plus près au génie : il n'entreprendra rien avec étourderie, rarement il se trompera dans ses conjectures ; vous devez vous attendre plus souvent à sa critique qu'à son approbation.

1 n'est pas non plus un homme à qui l'on en puisse faire accroire, à moins que son imagination ne soit échauffée par sa grande vivacité ; il se décidera promptement, mais je ne compterais guère sur sa persévérance : son coup-d'œil, moins réfléchi que le 3, a d'autant plus de pénétration.

Abstraction faite du coin trop émoussé des yeux, le 2 est certainement un grand homme, recommandable par sa prudence, par sa façon de penser, par son courage et par son activité.

Si 4 lui cède en sagesse, il l'emportera peut-être du côté de la modération et de la générosité.

Avec le même degré de bonté, le 5 est plus faible, et son manque d'énergie le rend soupçonneux.

6 est plus énergique que 4 et 5, plus borné que 1, 2, 3.

Pl. 68

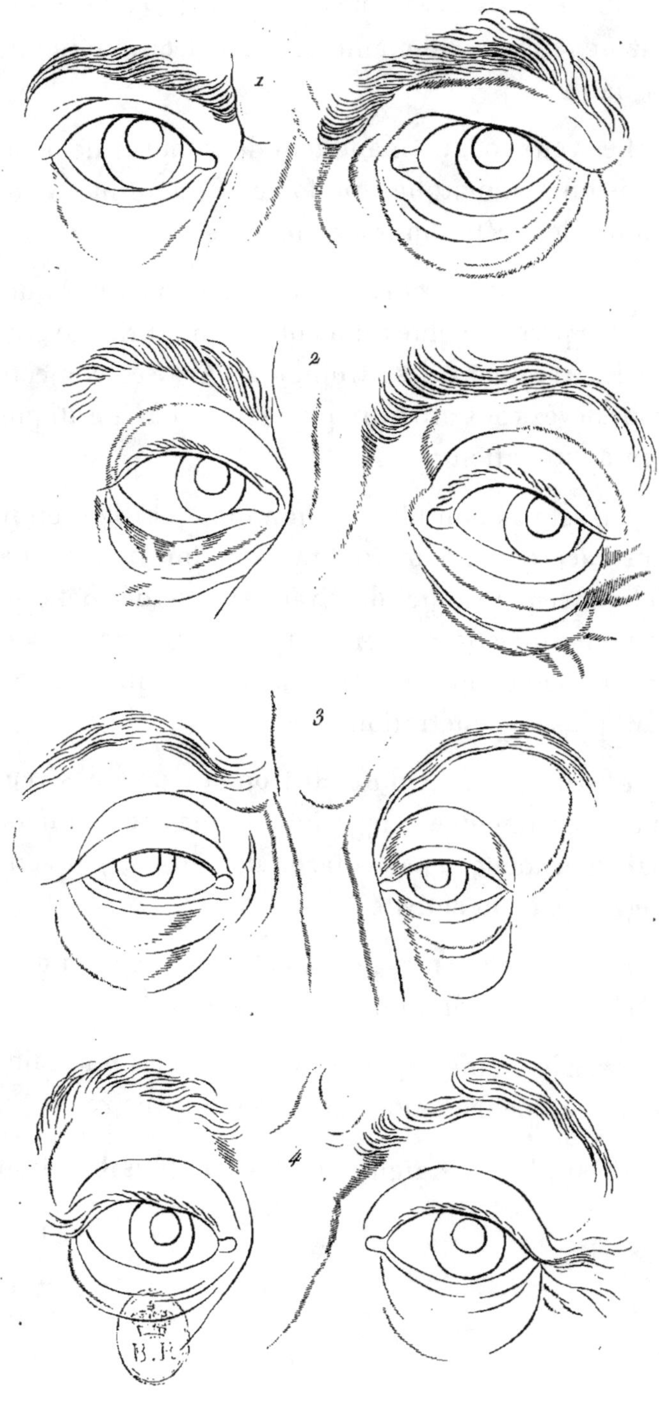

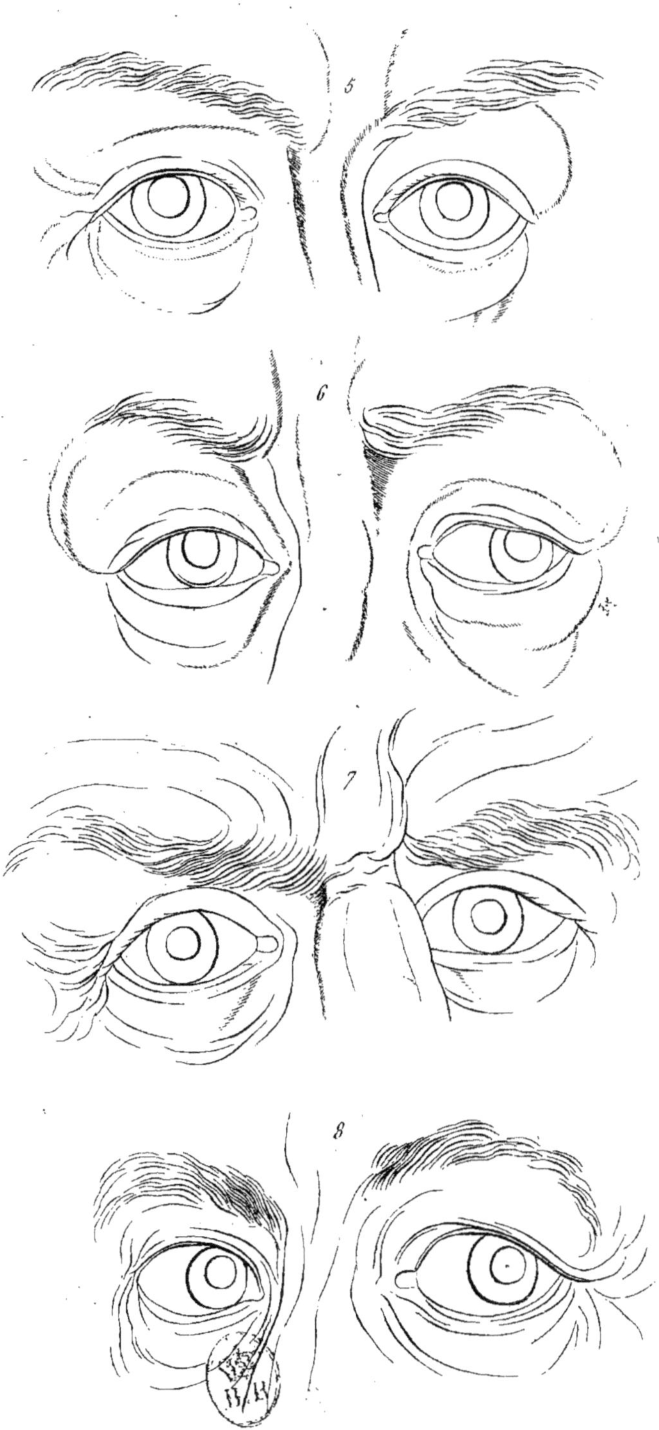
Pl. 69

Le 7, impérieux et passionné, ne consulte point la vraie sagesse ; et cependant je ne voudrais pas le faire passer pour un esprit médiocre, encore moins pour un idiot : il domine, sans avoir rien d'imposant ; il se fera craindre tout au plus par sa violence.

8, caractère noble et magnanime ; ce regard clair et perçant suppose beaucoup d'ordre, de netteté et d'application, un esprit qui met dans tout ce qu'il fait le dernier degré d'exactitude et de perfection.

Quoique je ne réponde pas de l'entière correction du dessin, je garantis pourtant que tous les yeux de cette planche (n° 70) sont beaucoup au-dessus du commun.

1 pétille d'esprit et de malice : il est vif et bouillant, et ne peut être placé que dans la tête d'un homme extraordinaire, fertile à concevoir des plans, et habile à les exécuter.

A ce caractère de grandeur, de noblesse et de supériorité, je dirais que le 2 est un général d'armée d'une naissance illustre et d'un mérite éminent.

Le coup-d'œil vigoureux de 3 vise au but, et l'atteint; prompt à saisir la surface des objets, il n'est pas moins exact à les pénétrer et à les approfondir : cet homme ne s'en laissera pas imposer aisément.

J'accorderais le plus d'étendue d'esprit, le plus de magnanimité et de fermeté au 4; il domine sans arrogance, avec la noble simplicité que son énergie naturelle lui inspire.

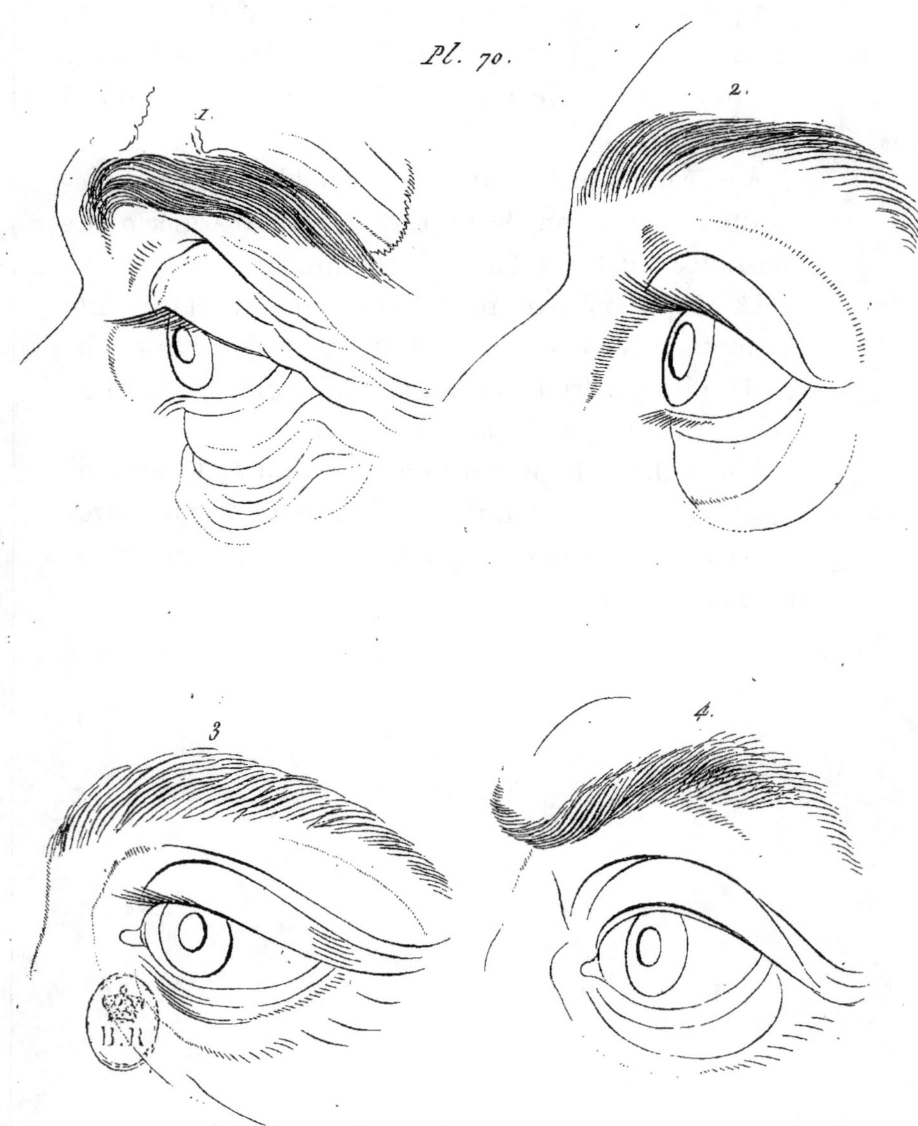

Pl. 70.
1.
2.
3.
4.

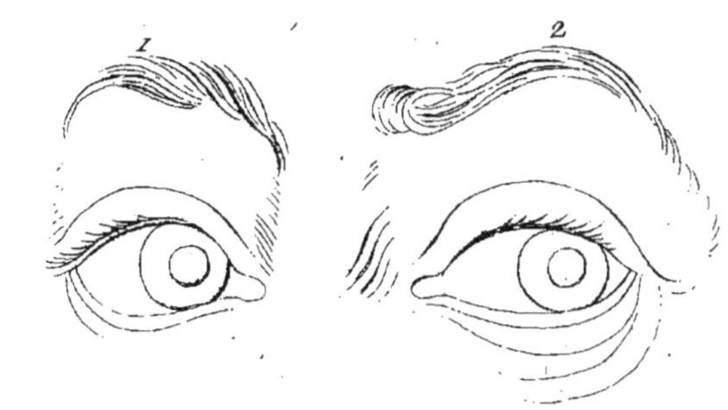

Pl. 71.

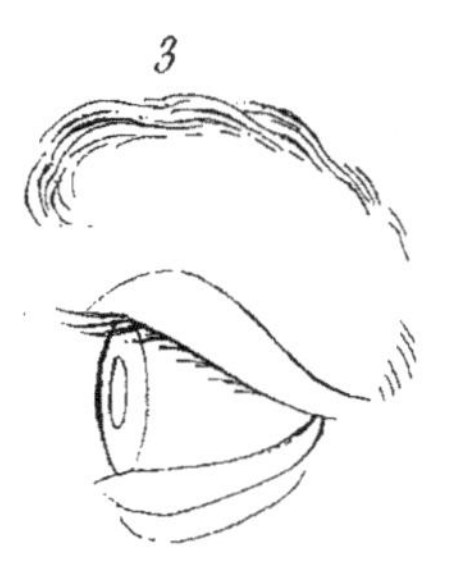

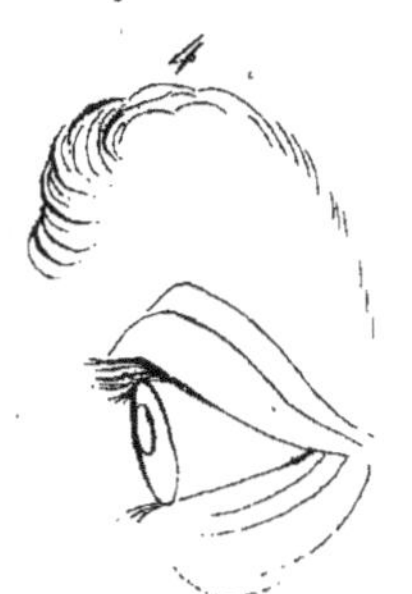

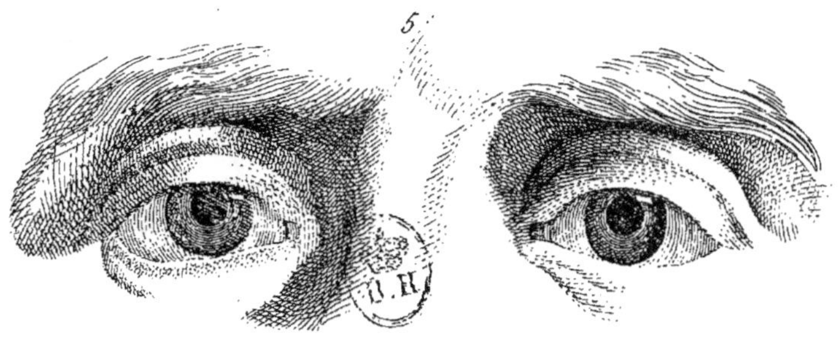

1 et 4 (n° 71) sont deux dessins différens du même œil.
2 et 3 nous offrent les yeux d'une même tête présentée
en face : ce regard est très-lumineux, il brille comme
l'éclair, mais il passe tout aussi vite, et ne fait qu'ef-
fleurer ; il lui est impossible de se fixer, et cependant
il apercevra dans sa rapidité ce que mille autres auront
de la peine à saisir en y mettant la plus grande attention. Le plus heureux instinct le guide dans ses observations et dans ses jugemens ; mais il n'est pas susceptible de ce calme réfléchi, de cette affection constante
et soutenue qu'exige une méditation sérieuse et profonde. Le sourcil porte le même caractère ; on y reconnaît un esprit moins accoutumé à chercher qu'à trouver, prompt à saisir et à communiquer ses idées.

Le profil 1 est plus judicieux que le 4, parce qu'il
semble un peu plus tranquille.

Les yeux 5 décèlent un penseur solide, qui ne se pres-
sera point d'agir, mais qui, au besoin, saura se faire
jour et donner des preuves de sa fermeté ; dans ses sourcils il y a plus de vivacité, de vigueur et de noblesse, que
dans les précédens.

1. On découvre dans ces yeux (n° 72) une activité courageuse, de la fierté et de la vivacité, un esprit mâle et résolu, une grandeur et une noblesse d'ame qui s'élèvent souvent jusqu'au sublime ; qui dans le même moment, dans la même action, dans la même parole et dans le même regard, rassemble le plus haut degré de simplicité et d'énergie. Le contour de la paupière inférieure n'est pas assez hardi, et affaiblit de beaucoup l'ensemble du caractère que nous venons de tracer.

2, copié d'après un Cupidon de Mengs. Rien de plus admirable que la structure et la voûte de ces yeux : nulle interruption, nulle courbure forcée, nulle disproportion ; tout y rappelle l'insouciance du jeune âge ; les projets sérieux et les méditations sont bannis de ce regard, il ne respire que la sensualité ; c'est une peinture fidèle de l'individu.

En examinant le n° 3, on démêle dans son extase plus ou moins convulsive, un esprit pénétrant, un caractère aimant et passionné. Le 4 regarde nonchalamment devant soi ; il est sans art et sans fard, mais aussi presque sans ame.

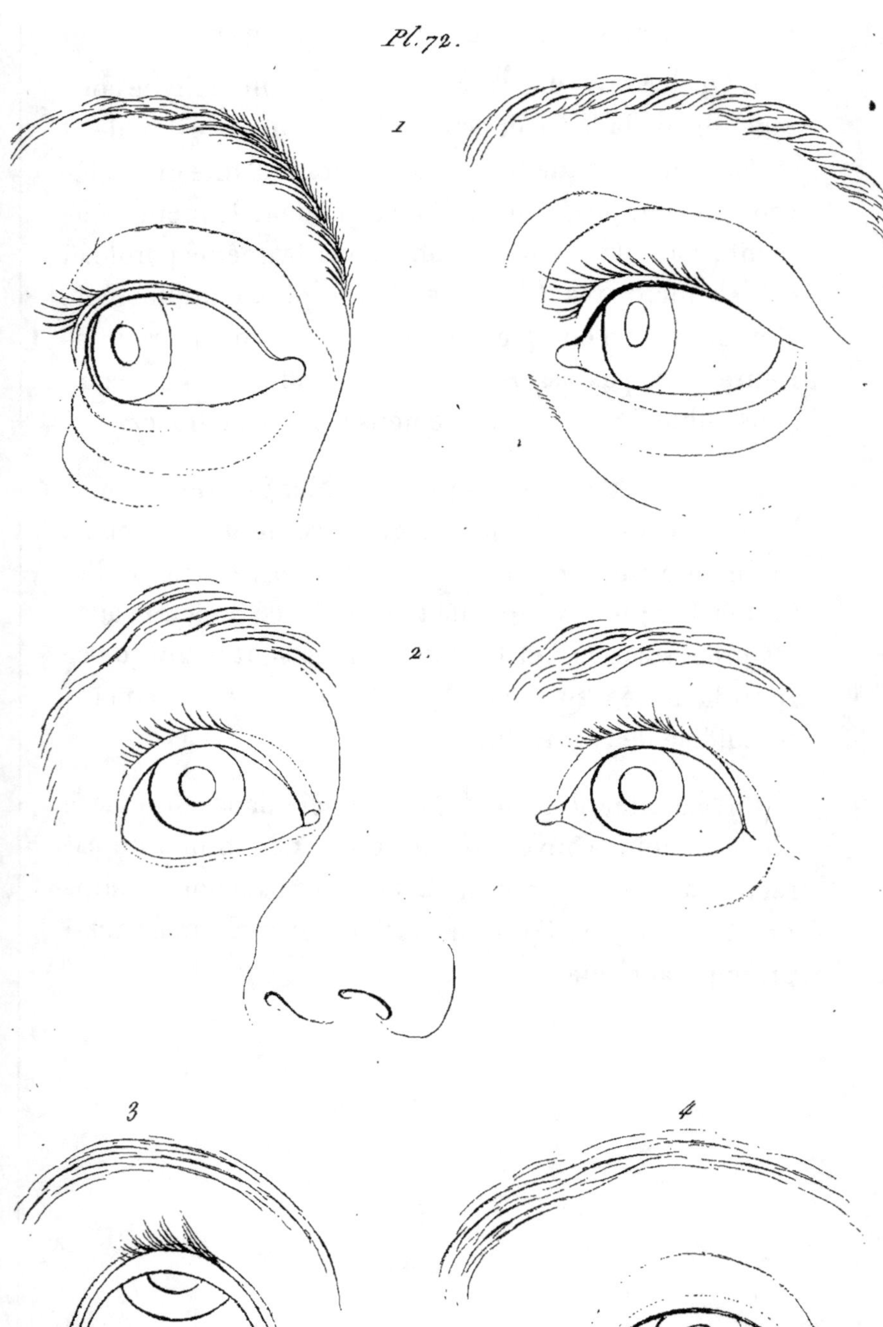

Pl. 72.
1
2
3
4

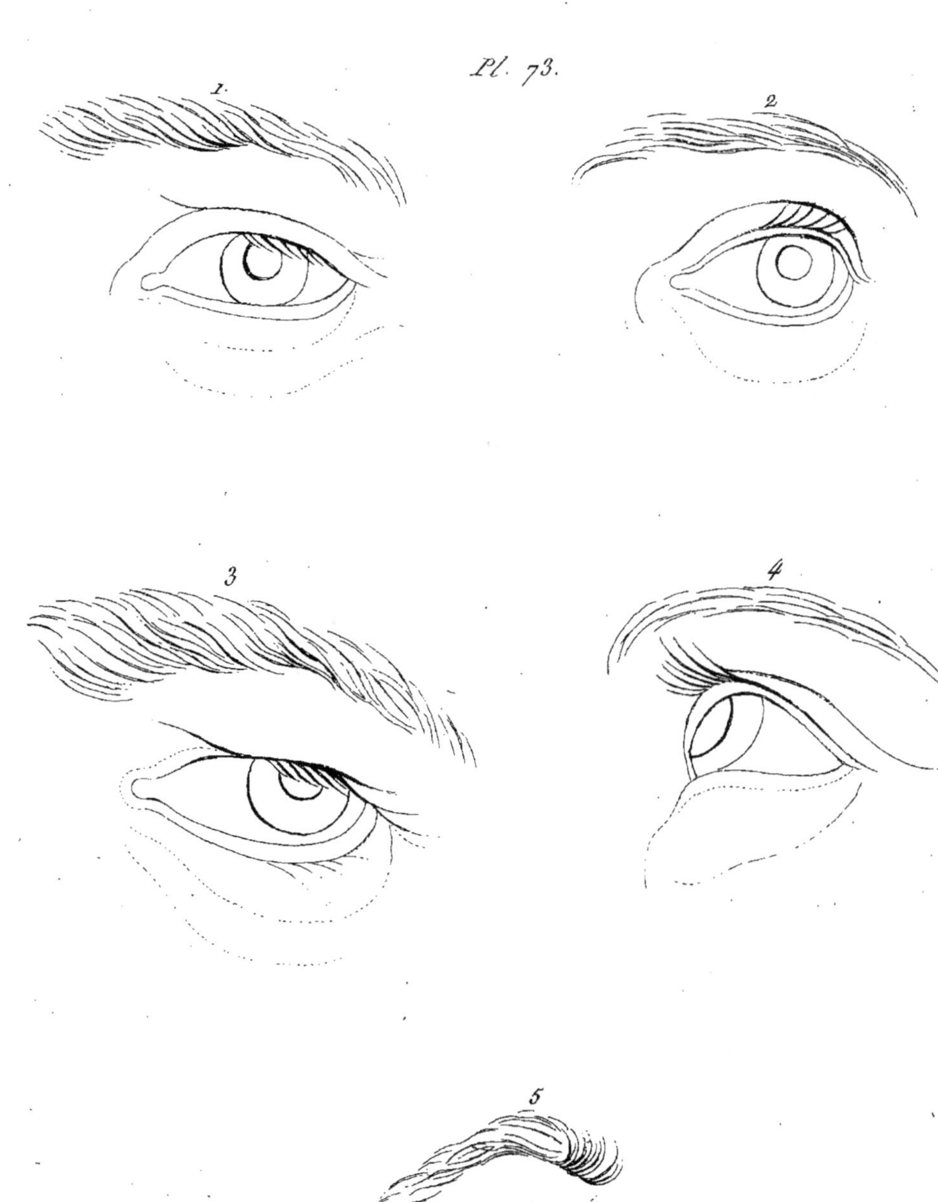

Pl. 73.
1.
2
3
4
5

Caractérisons en deux mots les yeux des planches ci-jointe (n°s 73-74).

1. Force, candeur et bonté. Si l'on a égard à l'énergie que promet le sourcil, on trouvera que les contours, et sur-tout les contours intérieurs, sont presque trop faibles. Cet œil, sans être celui du génie, sait observer sainement.

2. Le haut est plus expressif que le bas, et l'angle obtus du coin contraste avec le dessous de la paupière supérieure.

3. Celui-ci me fournit la même remarque, et me fait naître l'idée d'un fou énergique, d'un homme à prétention qui n'est pas sans caractère, et dont la vigueur n'est pas modérée par la sagesse.

Le 4 aime, croit, espère et souffre : il a le pouvoir de concentrer diverses facultés vers un seul et même point.

Le 5 éclaire rapidement chaque objet ; tout ce qui est singulier le frappe ; il saisit tout avec facilité ; il donne à chaque chose son vrai nom et la met à sa véritable place ; mais il n'approfondit rien, et il n'est pas assez tranquille pour s'occuper d'une analyse raisonnée.

Le 6 est plus animé, plus aimant, plus énergique et plus solide que le précédent.

Le 7 l'emporte sur tous les autres : ce regard est pur, tendre, délicat, plein de noblesse et de génie ; mais il n'annonce pas un homme consommé dans l'art de faire et de conduire un plan.

Le 8 peut avoir plus de jugement que le 7, plus de réflexion et plus d'énergie ; mais il n'a certainement pas , comme celui-ci., cette délicatesse de tact qui est l'apanage du génie, ni cet esprit d'observation vif et rapide que donne le sentiment de l'amour.

L'œil 9, dessiné à la loupe, paraît aimer le faste et l'éclat ; et en effet il doit être rapporté à un musicien de beaucoup de génie, dont les nombreux ouvrages se ressentent de cette disposition. -

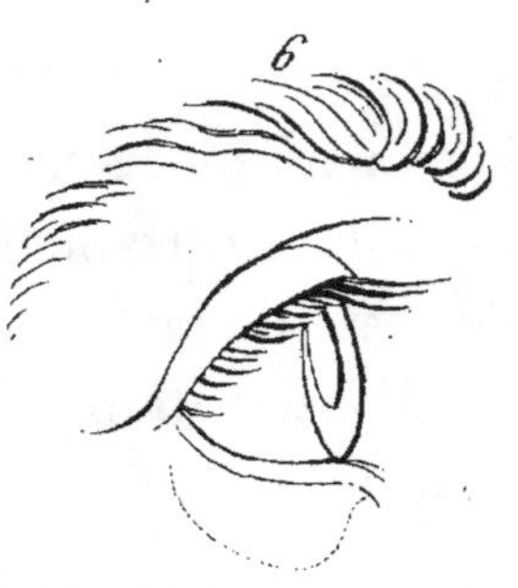

Pl. 74.
6
7
8
9
B.

Pl. 75.
1

3
2

Thomas Howard, Balthasar Becker, et profil d'un jeune homme.

1. Thomas Howard, dessiné par Holbein, avec sa précision ordinaire. Qu'un guerrier dispute à cette physionomie le courage qui fait les héros, le sage ne lui refusera certainement pas la sagesse. On retrouve dans le regard et dans la bouche la finesse et l'urbanité que donne l'usage du monde. Le front, le menton, et surtout les yeux, portent l'empreinte d'un homme de cabinet, versé dans les affaires, occupé de grands projets, qui pense librement, qui écrit avec circonspection, et qui agit avec timidité. Je crois démêler dans l'ensemble du visage un courtisan dont le caractère est naturellement dur, mais qui a su l'adoucir par principes.

2. Balthasar Becker peut servir de contraste au précédent, tant pour la coupe du visage, que pour les yeux. Ne m'accusera-t-on pas d'inconséquence, si je soutiens que ce personnage réunit à-la-fois un esprit pénétrant, des travers de jugement, et un fonds d'opiniâtreté? Il a le regard d'un penseur, le nez et la bouche d'un homme sensé et honnête, plutôt que d'un homme délicat et clairvoyant; mais la forme de l'ensemble, le front, et particulièrement les yeux, décèlent un esprit de contradiction, et un penchant décidé à l'entêtement.

3. C'est le profil d'un jeune homme, également remarquable par la noblesse et par l'originalité de son

caractère. Le calme de son regard s'accorde parfaitement avec la droiture de son esprit et de son cœur. Sûr de son énergie naturelle, il tâche de se suffire à lui-même, et apprend à ne s'appuyer que sur ses propres forces. Orné de talens et de connaissances, il en jouit paisiblement et les met à profit : il remplit consciencieusement les devoirs qui lui sont prescrits ; il sait maîtriser et contenir ses passions, qui rarement offusqueront sa raison, et rarement influeront sur les jugemens qu'il portera. Un œil qui observe aussi tranquillement que le sien, peut s'enfoncer hardiment dans des labyrinthes, sans craindre de s'y égarer. Le sourcil dénote un esprit familiarisé avec la réflexion et les souffrances. Que de sagacité dans le nez ! que de candeur dans la bouche !

Pl. 76.
1
2
3

UITENBOGART, CATTENBURG et GRAU.

1. UITENBOGART. Abstraction faite de l'incorrection de la lèvre d'en bas, avouez qu'on ne peut s'empêcher d'aimer une aussi bonne physionomie, quand même nos principes religieux prescriraient de l'éloignement pour l'arminianisme, dont Uitenbogart était un fauteur zélé. Je dirai plus; un visage comme celui-ci ne serait-il pas capable de nous réconcilier avec l'esprit de cette secte? Oui, je m'attache par inclination à ce front philosophique et paisible, à ce regard flegmatico-mélancolique, que rien ne trouble et qui ne troublera personne, qui examine tout sans prévention, qui ne demande rien pour soi; et qui se montre tolérant envers les autres, qui souffre avec patience, et qui s'abandonne entièrement aux mouvemens d'une conscience délicate. Ce nez judicieux, cette harmonie et cette unité de l'ensemble, doivent nous plaire également (1).

2. CATTENBURG. Le front est plus dur, son regard plus ouvert, mêlé d'un peu de prétention, mais pourtant sans orgueil. Les yeux de Cattenburg s'épanchent, ceux d'Uitenbogart se recueillent. Ce dernier s'estime heureux, lorsqu'ignoré du monde, il peut se livrer

____

(1) Mierefeld et Ravenstein, deux des plus grands peintres que je connaisse, et qui souvent disputent le rang à van Dyck, ont exercé leur pinceau sur cet homme intéressant. Le tableau de Ravenstein se trouve dans la collection de mon beau-frère, le sénateur Schinz, à Zurich. On ne sait si l'on doit aimer davantage le peintre, ou l'original du portrait.

tranquillement à ses méditations : l'autre vous observe, vous fait des avances, vous prévient amicalement, cherche à vous obliger, et vous accorde de bonne foi sa protection.

3. GRAU. Voici des yeux qui parlent, et que l'impulsion de leur propre force fait sortir à fleur de tête : ils dominent (sans avoir pourtant cet empire décidé qui distingue le regard d'un Gustave Adolphe, d'un Loyola ou d'un Wren), ils vous pénètrent, ils ne s'en laissent point imposer ; ils annoncent un homme prêt à tout événement, qui résiste sans fléchir, et dont rien ne peut fatiguer la vigilante activité. Ces yeux rapprochés de ces sourcils touffus détestent tout savoir qui n'est que superficiel. Le nez répond en tout à ce caractère.

JEAN HOZE,

Célèbre médecin à Richterswyl, dans le canton de Zurich.

CARICATURE d'un des hommes les plus relevés, les plus aimans, et par conséquent les plus aimables que je connaisse. J'appelle cette estampe une caricature, car l'amabilité, qui fait le mérite distinctif de l'original, s'est évanouie sous le burin. Dans ces traits-ci, vous ne voyez guère qu'un esprit prompt et ferme, réfléchi et résolu dans toutes ses actions; mais vous ne retrouvez pas, à beaucoup près, l'ami sincère et solide, dont la noble générosité inspire la confiance. Ce regard si perçant conserve la même force et la même énergie dans l'original, mais il y est plus adouci. Tel qu'il nous fixe ici, il pénètre la superficie des choses, il entre dans tous les détails et ne confond rien. Dans l'exacte vérité, ce regard n'est pas celui de la douceur; il est trop clair, il démêle avec trop de sagacité le faux d'avec le vrai pour ne pas céder quelquefois à la vivacité, pour ne pas se livrer à son activité naturelle. Le nez décèle l'amour de l'ordre et de l'exactitude, mais en même temps une certaine réserve. Je mets le front au nombre de ceux qu'on appelle *ouverts*; c'est le reflet d'un ciel calme. Il n'est point sillonné de rides, et jamais il ne pourra l'être. Ce qu'il ne saisit pas au premier moment, il ne le comprendra pas non plus à force de méditer : il déteste jusqu'à la moindre confusion, et l'œil, de son côté, rejette toute idée vague ou obscure. Ce caractère en général s'astreint invariablement à des principes d'ordre, de justice et de vérité. Je suis persuadé que cet homme aurait pu s'élever au premier rang parmi les artistes; sa capacité, son exactitude, son élégance et son goût, lui auraient assuré des succès brillans : il a précisément ce qu'il faut de génie pour une exécution soignée, pour suivre et finir un travail de longue haleine. Je vois en lui une raison si saine, une imagination si heureuse, tant de sérénité d'esprit, une vigueur si mâle, tant de feu, de patience et de précision, tant de délicatesse et d'énergie de sentiment, que si j'avais à donner la recette d'un caractère parfaitement noble et juste, zélé pour le bien, et toujours actif à l'avancer, je prescrirais les ingrédiens qui composent celui-ci, les mêmes doses et le même mélange.

Ceux qui connaissent l'original ne m'accuseront certainement pas de l'avoir flatté; et, loin de me reprocher d'en avoir trop dit, ils me demanderont pourquoi je ne l'ai pas loué davantage.

§ II. DES SOURCILS.

Souvent les sourcils seuls deviennent l'expression positive du caractère de l'homme, témoin les portraits du Tasse, de Léon-Baptiste, d'Alberti, de Boileau, de Turenne, de le Fèvre, d'Apelius, d'Ochsenstirn, de Clarke, de Newton, etc.

Des sourcils doucement arqués s'accordent avec la modestie et la simplicité d'une jeune vierge.

Placés en ligne droite et horizontalement, ils se rapportent à un caractère mâle et vigoureux.

Lorsque leur forme est moitié horizontale, moitié courbée, la force de l'esprit se trouve réunie à une bonté ingénue.

Des sourcils rudes et en désordre, sont toujours le signe d'une vivacité intraitable; mais cette même confusion annonce un feu modéré, si le poil est fin.

Lorsqu'ils sont épais et compactes, que les poils sont couchés parallèlement, et, pour ainsi dire, tirés au cordeau, ils promettent décidément un jugement mûr et solide, une profonde sagesse, un sens droit et rassis.

Des sourcils qui se joignent passaient pour un trait de beauté chez les Arabes, tandis que les anciens physionomistes y attachaient l'idée d'un caractère sournois. Je ne saurais adopter ni l'une ni l'autre de ces deux opinions : la première me paraît fausse, la seconde exagérée ; car j'ai souvent retrouvé ces sortes de sourcils aux physionomies les plus honnêtes et les plus aimables. Il est vrai cependant qu'ils font contracter au visage un air plus ou moins refrogné, et qu'ainsi ils peuvent supposer jusqu'à un certain point le trouble de l'esprit ou du cœur.

Winckelmann dit que les sourcils affaissés donnent à la tête de l'*Antinoüs* une teinte de rudesse et de mélancolie.

Jamais je n'ai vu un penseur profond, ni même un homme ferme et judicieux, avec des sourcils minces, placés fort haut, partageant le front en deux parties égales.

Les sourcils minces sont une marque infaillible de flegme et de faiblesse. Ce n'est pas qu'un homme colère et très-énergique ne puisse avoir des sourcils clairs, mais leur modicité diminue toujours la force et la vivacité du caractère.

Anguleux et entrecoupés, ils dénotent l'activité d'un esprit productif.

Plus ils s'approchent des yeux, et plus le caractère est sérieux, profond et solide. Celui-ci perd de sa force, de sa fermeté et de sa hardiesse, à mesure que les sourcils remontent.

Une grande distance de l'un à l'autre annonce une conception aisée, une ame calme et tranquille.

Des sourcils blancs proviennent d'un naturel faible. Bruns obscurs, ils sont l'emblème de la force.

Le mouvement des sourcils est d'une expression infinie : il sert principalement à marquer les passions ignobles, l'orgueil, la colère, le dédain. Un homme sourcilleux est un être méprisant et méprisable.

SUPPLÉMENS.

I. M. DE BUFFON.

« APRÈS les yeux, les parties du visage qui contri-
» buent le plus à marquer la physionomie, sont les
» sourcils ; comme ils sont d'une nature différente des
» autres parties, ils sont plus apparens par ce contraste,
» et frappent plus qu'aucun autre trait ; les sourcils sont
» une ombre dans le tableau, qui en relève les couleurs
» et les formes. Les cils des paupières font aussi leur
» effet ; lorsqu'ils sont longs et garnis, les yeux en pa-
» raissent plus beaux et le regard plus doux. Il n'y a que
» l'homme et le singe qui aient des cils aux deux pau-
» pières, les autres animaux n'en ont point à la pau-
» pière inférieure ; et, dans l'homme même, il y en a
» beaucoup moins à la paupière inférieure qu'à la supé-
» rieure ; le poil des sourcils devient quelquefois si long
» dans la vieillesse, qu'on est obligé de le couper. Les
» sourcils n'ont que deux mouvemens qui dépendent
» des muscles du front, l'un par lequel on les élève, et
» l'autre par lequel on les fronce et on les abaisse, en
» les approchant l'un de l'autre. »

Note. Les sourcils sont immédiatement placés sur un muscle
(le sourcilier) qui leur imprime tous les mouvemens dont ils
sont susceptibles. Mais ceux d'abaissement et d'élévation résultent, le premier de l'action de l'orbiculaire des paupières, et le
second de celle du releveur de la paupière supérieure et de l'oc-
cipito-frontal.   J.-P. M.

II. le Brun.

Traité sur le caractère des passions.

« Il y a deux mouvemens dans les sourcils, qui ex-
» priment tous les mouvemens des passions. Ces deux
» mouvemens ont un parfait rapport aux deux appétits
» dans la partie sensitive de l'ame, l'appétit *concupis-*
» *cible* et l'appétit *irascible*. Celui qui s'élève en haut
» vers le cerveau exprime toutes les passions les plus
» farouches et les plus cruelles.

» Il y a deux sortes d'élévations des sourcils, une où
» le sourcil s'élève par son milieu, et cette élévation
» exprime des mouvemens agréables. Lorsque le sourcil
» s'élève par son milieu, la bouche s'élève par les côtés ;
» et à la tristesse elle s'élève par le milieu.

» Lorsque le sourcil s'abaisse par le milieu, ce mou-
» vement marque une douleur corporelle, et la bouche
» s'abaisse par les côtés.

» Dans le ris, toutes les parties se suivent ; car les
» sourcils qui s'abaissent vers le milieu du front, font
» que le nez, la bouche et les yeux suivent le même
» mouvement. »

VII.

DU NEZ.

Les anciens avaient raison d'appeler le nez *honesta-mentum faciei*. Je crois avoir dit ailleurs que je regarde cette partie comme la *retombée* du cerveau. Ceux qui connaissent un peu la théorie de l'architecture gothique saisiront aisément ma comparaison. C'est sur le nez que repose proprement la voûte du front, dont le poids écraserait sans cela impitoyablement et les joues et la bouche.

Un beau nez ne s'associe jamais avec un visage difforme. On peut être laid et avoir de beaux yeux ; mais un nez régulier exige nécessairement une heureuse analogie des autres traits. Aussi voit-on mille beaux yeux contre un seul nez parfait en beauté ; et là où il se trouve, il suppose toujours un caractère excellent, distingué. *Non cuique datum est habere nasum.* Voici, d'après mes idées, ce qu'il faut pour la conformation d'un nez parfaitement beau.

a. Sa longueur doit être égale à celle du front.

b. Il doit y avoir une légère cavité auprès de sa racine.

c. Vue par-devant, l'épine (*spina, dorsum nasi*) doit être large et presque parallèle des deux côtés, mais il faut que cette largeur soit un peu plus sensible vers le milieu.

d. Le bout ou la pomme du nez (*orbiculus*) ne sera

ni dur, ni charnu : le contour inférieur doit être dessiné avec précision et avec correction, ni trop pointu, ni trop large.

e. De face, il faut que les ailes du nez (*pinnæ*) se présentent distinctement, et que les narines se raccourcissent agréablement au-dessous.

f. Dans le profil, le bas du nez n'aura qu'un tiers de sa longueur.

g. Les narines doivent aller plus ou moins en pointe, et s'arrondir par derrière ; elles seront en général doucement cintrées et partagées en deux parties égales par le profil de la lèvre supérieure.

h. Les flancs du nez, ou de la voûte du nez, formeront des espèces de parois.

i. Vers le haut il joindra de près l'arc de l'os de l'œil ; et sa largeur, du côté de l'œil, doit être au moins d'un demi-pouce.

Un nez qui rassemble toutes ces perfections, exprime tout ce qui peut s'exprimer. Cependant nombre de gens du plus grand mérite ont le nez difforme ; mais il faut différencier aussi l'espèce de mérite qui les distingue. C'est ainsi, par exemple, que j'ai vu des hommes très-honnêtes, très-généreux et très-judicieux, avec de petits nez échancrés en profil, quoique d'ailleurs heureusement organisés : ils avaient des qualités estimables ; mais celles-ci se bornaient à un esprit doux et endurant, attentif et docile, fait pour recevoir et pour goûter des sensations délicates. Des nez qui se courbent en haut de la racine conviennent à des caractères impérieux, appelés à commander, à opérer de grandes choses.

fermes dàns leurs projets et ardens à les poursuivre. Les nez perpendiculaires, c'est-à-dire, qui approchent de cette forme (car je m'en tiens toujours à mon premier principe, que, dans toutes ses productions, la nature abhorre les lignes entièrement droites), ces sortes de nez, dis-je, peuvent être regardés comme des clefs de voûte entre les deux autres : ils supposent une ame qui sait agir et souffrir tranquillement et avec énergie.

Socrate, Boerhaave et Lairesse, avaient le nez fort laid, et n'en étaient pas moins de grands hommes ; mais le fond de leur caractère était une humeur douce et patiente.

Un nez dont l'épine est large, n'importe qu'il soit droit ou courbé, annonce toujours des facultés supérieures ; jamais je n'y ai été trompé, mais cette forme est très-rare. Vous pouvez parcourir dix mille visages dans la nature, et mille portraits d'hommes célèbres, sans la retrouver une seule fois : elle reparaît cependant du plus au moins dans les portraits de Fauste Socin, de Swift, de César Borgia, de Clepzeker, d'Antoine Pagi, de Jean-Charles d'Enkenberg (personnage fameux par sa prodigieuse force de corps), de Paul Sarpi, de Pierre de Médicis, de François Carrache, de Cassini, de Lucas de Leyde, du Titien.

Sans cette large épine, et avec une racine fort étroite, le nez indique souvent une énergie extraordinaire ; mais celle-ci se réduit alors presque toujours à une élasticité momentanée, sans suite et sans durée.

Les peuples tartares ont généralement le nez plat et enfoncé ; les nègres d'Afrique l'ont camard ; les Juifs, pour la plupart, aquilin ; les Anglais, cartilagineux et rarement pointu. S'il faut en juger par les tableaux et les portraits, les beaux nez ne sont pas communs parmi les Hollandais. Chez les Italiens, au contraire, ce trait est distinctif et de la plus grande expression. Enfin, et je l'ai déjà dit, il est absolument caractéristique pour les hommes célèbres de la France : on peut s'en convaincre par les galeries de Perrault et de Morin.

La narine petite est le signe certain d'un esprit timide, incapable de hasarder la moindre entreprise. Lorsque les ailes du nez sont bien dégagées, bien mobiles, elles dénotent une grande délicatesse de sentiment, qui peut aisément dégénérer en sensualité et en volupté.

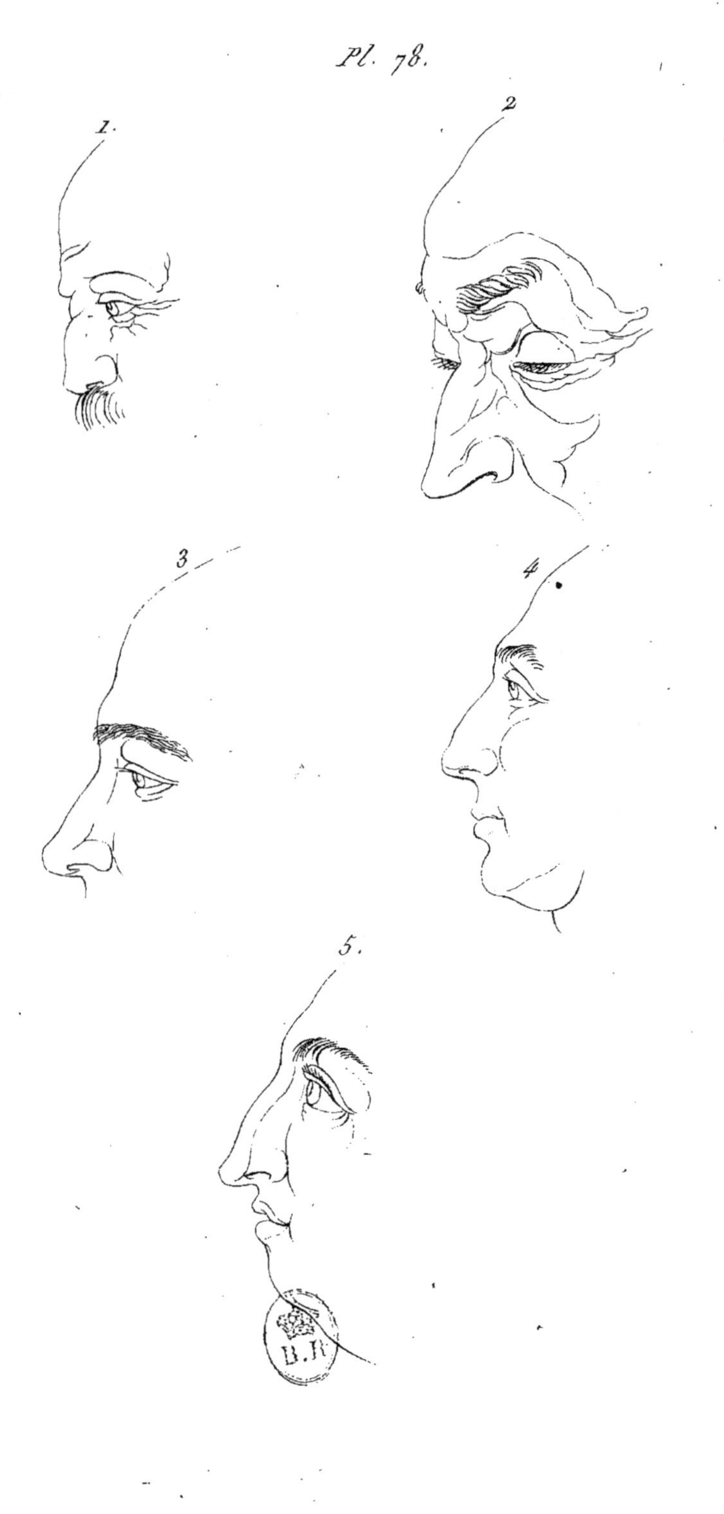

Pl. 78.
1.
2
3
4
5.

1. Le nez et l'œil annoncent un homme sain de corps et d'esprit, un tempérament vigoureux.

Le nez 2 prévient assez favorablement par sa forme, mais dans le fond ce n'est que la caricature d'un nez judicieux ; sa voûte est trop alongée et se détache trop brusquement de la racine.

A peu de chose près, le 3 est des plus sensés ; pour l'être tout-à-fait, le bout devrait être dessiné avec plus de hardiesse.

Les deux nez 4 et 5 avoisinent la folie, le 5 sur-tout. Lorsque la voûte du nez est exagérée, ou trop prolongée, qu'elle se renfonce ensuite désagréablement, et qu'en général elle est en disproportion avec le bout, je m'attends toujours à quelque dérangement dans l'esprit. Il serait inutile de faire observer, à l'égard du 5, l'air de prétention et de dédain qui défigure l'œil, le menton et la bouche : vous voyez aussi dans toutes ces parties ce vide insupportable qui est l'apanage ordinaire des présomptueux.

HUIT NEZ (n° 79).

Ces contours paraissent tous avoir été dessinés d'après nature ; ils ont tous un air de vérité , ils sont tous au-dessus du commun , mais ils laissent cependant des distinctions à faire.

1. Je ne m'y connais pas , ou c'est le nez d'un homme solide , judicieux et expérimenté , qui pourtant n'atteint pas une supériorité décidée.

2 le cède de beaucoup au précédent; il est moins riche en fonds , circonspect , timide , scrupuleux et mi-nutieux.

Le 3 est l'opposé du 2 , énergique , hardi et résolu , et en même temps assez réfléchi pour peser à la balance de la raison le succès apparent de ses entreprises.

Si je n'accorde pas un grand sens au 4, je le crois pourtant plus judicieux que le 3 , quoique d'un carac-tère moins décidé.

Le nez 5 est vraisemblablement le 4 rajeuni , peut-être aussi celui d'un fils ou d'un frère cadet.

6. Cette coupe de nez est trop étrangère pour que je puisse la juger avec connaissance de cause , ou seule-ment par conjecture. A toute rigueur , j'en inférerais une tournure d'esprit originale et de la bonhomie , plutôt que des facultés supérieures ou de la méchan-ceté : le bout trop affaissé devient caricature.

7 doit être rapporté à un homme versé dans les af-faires pratiques de la vie, plus sensé et plus précis que

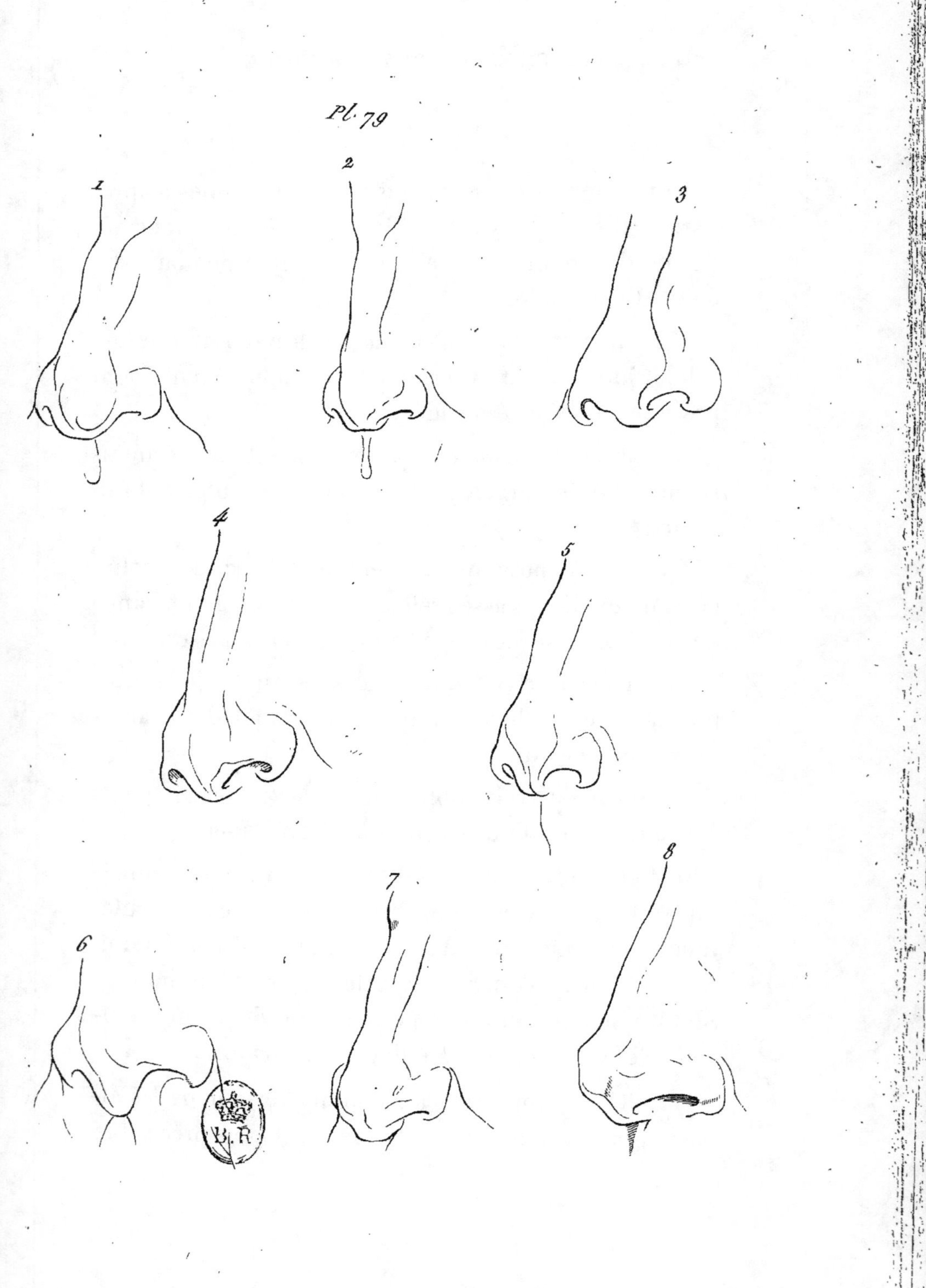

Pl. 79

le 1 , plus entreprenant que le 2 , plus fin que le 4 et
le 5.

La forme 8 est la plus distinguée et la plus mâle de
toutes : ce nez ferait honneur à un ministre d'état, à
un prince.

HUIT NEZ.

Parmi les nez de cette planche (n° 8o), il n'y en a
pas un seul qui se distingue particulièrement. Si j'avais à
choisir cependant, le 4 me captiverait par son originalité, et le 8, par son air judicieux.

1 paraît sensuel, voluptueux, mais foncièrement
bon.

2 , excessivement flegmatique, circonspect et loyal.

3 a le même caractère , seulement un peu plus raffiné.

4 incline à la volupté, mais ce penchant ne l'empêche
point d'être judicieux et généreux : il lui manque peu
de chose pour faire un homme supérieur.

Le 5 a tant d'analogie avec le 2 , qu'on pourrait aisément les confondre : ils appartiennent vraisemblablement à la même famille.

6 a plus de noblesse que le 2 et le 8.

7 discernera peut-être mieux que les précédens ; mais
c'est moins par raisonnement que par instinct.

8 est au-dessus de tous les autres , tant par la solidité du jugement que par la délicatesse d'esprit.

Pl. 80.

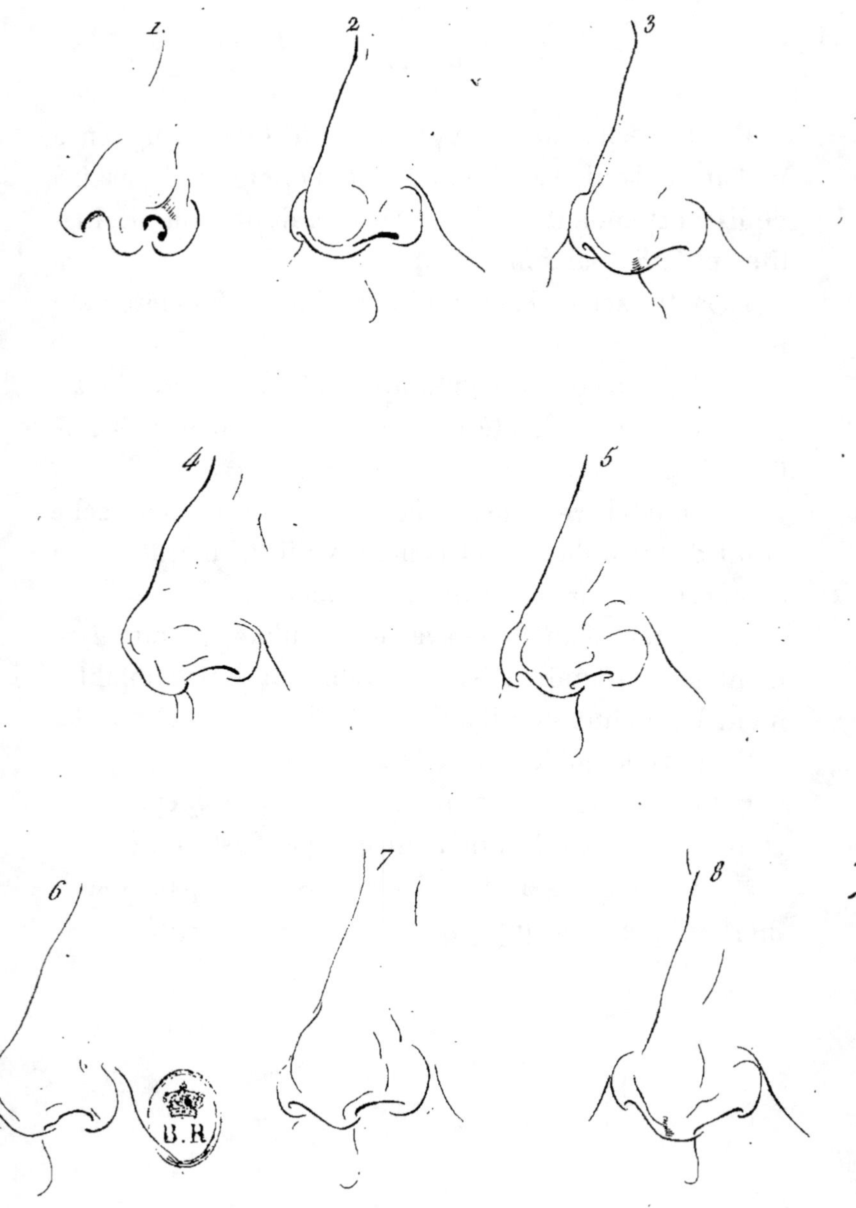
1.
2.
3.
4.
5.
6.
7.
8.
B.R.

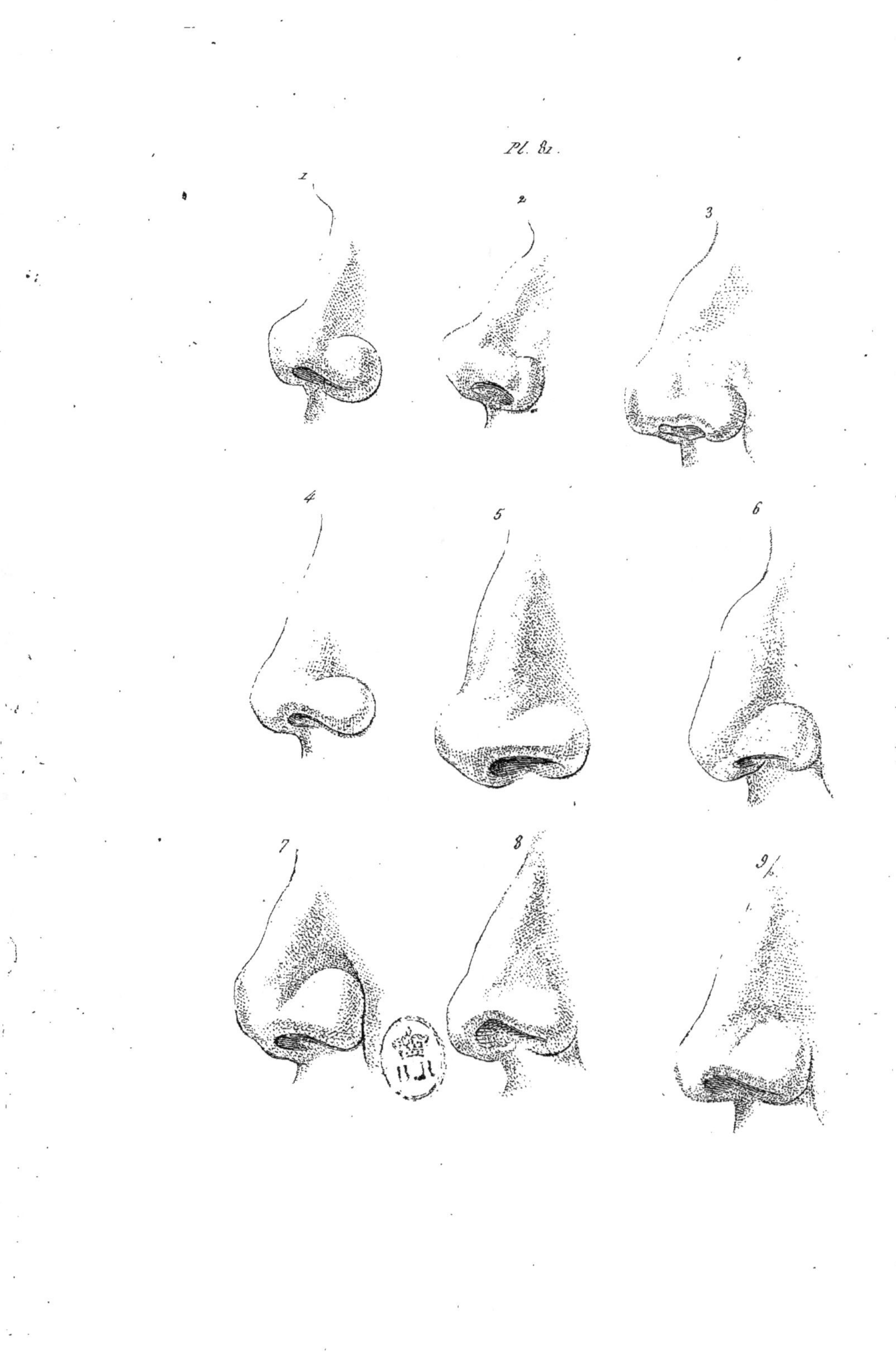

Pl. 81.
1
2
3
4
5
6
7
8
9.

NEUF NEZ ombrés, en profil (n° 81).

AUCUN de ceux-ci n'indique encore entièrement une raison droite et saine. On pourrait excepter tout au plus le 4 et le 5, et cependant ils prêtent à la critique. Le 4 est bon et honnête ; mais, pour exprimer le jugement proprement dit, il est un peu trop raccourci, il a l'aile trop arrondie et trop peu nuancée : défaut que je reproche d'ailleurs à chaque numéro de cette planche. L'extrémité du 5 se distingue au-dessus des autres par son caractère de force, qui emporte beaucoup de pénétration et de sagesse, un esprit résolu et une mâle vigueur.

1 est dénué de toute espèce de sentiment délicat, mais je ne le crois pas sans malice.

2. Caricature d'un nez qui suppose du bon sens, et rien de plus.

Naturellement timide, le 3 n'est recommandable que par l'amour de l'ordre et de la propreté.

J'en dirai autant du 6, dans lequel je démêle cependant une teinte de volupté.

Le 7 est livré à une grossièreté brutale.

Dans le 8., cette expression est un peu modifiée par un fonds de bonhomie.

Le 9 sort du vrai ; le contour du haut et celui de l'aile sont absolument manqués.

Dans tous ces profils, les narines sont des quiproquo impardonnables : je doute que le dessinateur ait travaillé d'après nature.

PHILIPPUS AUDAX , UNE AUTRE TÊTE , et AMMERBACH.

1. Si cette forme de visage n'est pas expressive , il faut désespérer d'en trouver jamais une qui le soit. Avec un tel nez, on a le sentiment de son énergie , et l'on jouit de ce sentiment à-peu-près comme un homme bien portant jouit de la santé , sans y faire attention. Proportion gardée , le menton pourrait être renforcé davantage , et l'œil aussi ne caractérise pas suffisamment le courage du héros qui a mérité le surnom de *Hardi;* mais la bouche peint au mieux une sagesse réfléchie , une docilité attentive , et le calme d'une mâle énergie.

2 n'est pas une physionomie ordinaire ; mais le front n'a pas tout ce qu'il faut pour faire un grand homme. J'affectionne d'autant plus les sourcils et le nez ; on ne saurait y méconnaître de la fermeté , de l'honnêteté , un jugement sain et net , une sagacité infinie. Le nez sur-tout est semblable à celui du furet. L'œil est plein de douceur et de bonne volonté ; la bouche est celle de la raison. L'énergie du menton contraste un peu avec la délicatesse du regard.

3. J'aime beaucoup aussi les nez pareils à celui d'Ammerbach. Que de raison , que de probité , de solidité et de force ! Cet homme-là est trop sûr de son fait pour ne pas faire adopter ses opinions à tout le monde , tandis que lui-même est très-difficile à persuader.

Pl. 82.
1
2
3

Pl. 83

1.

2

3.

Trois têtes françaises, d'après Morin.

Ces têtes, tirées de la collection des Hommes illustres de la France, par Morin, se distinguent particulièrement par le nez ; cependant ce trait principal a dû perdre beaucoup de son esprit et de sa première élégance dans une cinquième, ou peut-être dans une dixième copie ; les narines sur-tout ont été visiblement détériorées.

A mon avis, le nez 1 dénote le plus de raison, et le 2 le plus de circonspection. Le 3 l'emporte par une étendue d'esprit extraordinaire, et pourtant c'est celui dont le dessin a le plus souffert.

Examinons, en passant, les autres parties du visage, puisque ce fragment leur est également consacré. Dans le n° 1, chaque trait, chaque détail, sans en excepter la chevelure, est marqué au coin de la sagesse et de la douceur ; tout y est homogène, tout y forme l'accord le plus harmonieux. La bouche en particulier vous invite à la confiance : elle respire l'amour de la paix et du bon ordre, une candeur à toute épreuve. Le menton n'est pas d'un grand style, mais il n'a rien de dur ; et, loin de vous gêner ou de vous accabler, il laisse entrevoir un peu de timidité.

La seconde tête est bien plus compliquée, plus raffinée, plus intrigante ; et c'est précisément cette complication, cette diversité dans les traits, qui l'écarte si prodigieusement et de la noble simplicité du 1, et de la supériorité décidée du 3. Ce dernier représente, si je ne me trompe , Lemercier, architecte. Figurez-vous, d'après cette copie , le portrait original sur lequel elle a été gravée., remontez ensuite jusqu'au modèle même, et refusez-lui votre admiration , si vous osez. Vous pourrez reprocher à la bouche , ou plutôt à cette copie de bouche , un peu de fierté , un peu de prétention ; mais si jamais physionomie était autorisée à s'arroger des droits , c'est bien celle-ci : elle primerait encore dans les fers de l'esclavage. Cet œil , surmonté d'un tel sourcil , découvre en un instant ce que 2 épie en subtilisant. L'un voit les choses immédiatement , l'autre ne parvient à les apercevoir que par *un milieu politique*.

DEUX TÊTES CHEVELUES.

Il n'y aurait peut-être rien de frappant dans ces deux visages , si les nez ne les relévaient pas ; et encore ceux-ci sont-ils dessinés avec une timidité d'écolier.

Sans ce trait distinctif , i ne serait guère qu'un visage commun ; nous lui trouverions peu d'expression, ou même un air enfantin. Je n'examinerai point si la faute en est au peintre , ou seulement au graveur, qui paraît avoir économisé sur chaque partie. Malgré toute sa mesquinerie , il a dû conserver cependant au nez un caractère de supériorité qui sauve le reste de la physionomie , qui la fait sortir de la classe ordinaire, et qui rejaillit avantageusement sur l'œil , sur la bouche, et sur ce front couvert. L'ensemble dit peut-être plus que nous ne voudrions ; ou , pour parler plus claire-

Pl. 85

ment, il ne nous inspire pas une pleine confiance, mais il n'attire pas moins notre admiration.

Un même esprit anime la figure 2, mais le nez relève, renforce et consolide encore davantage les facultés que les autres traits annoncent, du moins dans cette copie. Outre un fond paisible et doux, une circonspection judicieuse, et une sensibilité qui, s'il faut en croire la bouche un peu maniérée, pourrait bien dégénérer en mollesse et en faiblesse, vous voyez ici l'homme, l'homme sage, actif et toujours sûr de son fait, bien qu'il ne cherche point à se mettre en avant, bien qu'il se renferme dans les bornes de la modestie, et qu'il se prescrive même une certaine réserve.

HERMAN LANGELIUS, ABRAHAM HEYDAN, DANIEL HEINSIUS
ET SAM. CAESTER.

Si l'on vous demandait votre sentiment sur ces quatre visages, vous diriez peut-être qu'il n'y en a pas un qui vous plaise entièrement ; que dans cette esquisse du moins ils ont tous quelque chose de dur. S'il fallait opter cependant, vous vous déclareriez, j'en suis sûr, pour Heydan, n° 2, et vous lui trouveriez, malgré toute sa rudesse, un fonds de candeur et de raison. Le nez suffit pour nous en convaincre, il nous réconcilie avec les autres traits, et les fait valoir davantage. Vous devez être frappé de son harmonie avec l'œil droit, dont le regard ne décèle assurément ni la faiblesse ni l'indifférence, avec ce sourcil plein de vigueur et de sens, et avec cette bouche sincère et discrète.

La première tête, Langelius, pourrait bien être plus originale, plus pittoresque, grace au contour de l'extrémité du nez ; mais, en l'examinant de plus près, vous y chercherez en vain la maturité, le calme, la solidité et la cordialité, qui distinguent son pendant. Le menton d'ailleurs ne saurait admettre une énergie concentrée.

Dans toutes ces têtes, il ne faut compter pour rien l'air du visage, qu'il est presque impossible de reproduire avec pureté dans un simple contour. Avec cette modification, ne sentirez-vous pas, comme moi, que non-seulement le front du 3, Heinsius, non-seulement l'œil et le pli des joues, mais particulièrement encore

Pl. 86.
1 
2
3
4

le contour du nez , annoncent un esprit éveillé , un penseur hardi , ferme dans son système , actif et vigilant , exact à sonder et à développer ses propres idées et celles des autres ; en un mot, un homme à talent , d'un caractère mâle et nerveux ?

Substituez à l'ébauche 4, Caester, le portrait original , dont l'attitude a été très-heureusement choisie. (On ne saurait guère conseiller cette pause à un imbécille, et bien moins la lui faire garder à la longue : ici le peintre a été inspiré par son modèle , et c'est le regard de celui-ci qui a décidé de cet air de tête si convenable et si expressif.) Ne vous arrêteriez-vous pas avec plaisir devant le tableau même? serait-ce exclusivement le front ou l'œil qui vous attacherait le plus à cette physionomie? serait-ce l'enjouement de la bouche? ou plutôt n'attendriez-vous pas du nez seul une riche mesure de sens et de raison, quoique cette partie soit mal dessinée, et dégradée du caractère de grandeur et de supériorité qu'elle devrait avoir?

SPIEGEL, CLAUBERG ET UNE AUTRE TÊTE.

OSERIEZ-VOUS appeler judicieux celui qui attribuerait à ces deux personnages le même caractère intellectuel ou moral? Riez-en si cela vous amuse; mais il n'est pas moins vrai que dans la planche ci-jointe, le nez seul peut aider à distinguer le savant de profession de l'homme du monde. Produisez l'une et l'autre figure à des gens qui n'ont jamais entendu parler ni de Spiegel, ni de Clauberg; et, avec un tant soit peu de discernement, on dira d'abord, sans balancer, que si l'un des deux est un érudit, ce doit être nécessairement le second. Personne ne lui refusera de l'aptitude aux sciences, de l'application, de la solidité, la facilité du travail, l'art de bien traiter son sujet, tandis qu'on accordera au premier du goût, de l'éloquence, de la prudence, la pratique du monde, le talent de manier les affaires, et un esprit délié, plus fait pour sentir le beau, que pour creuser les profondeurs de la littérature (1). Si on vous laissait juger ensuite, sur la forme du nez, le profil du n° 3, y méconnaîtriez-vous une activité inquiète, de l'ardeur et du courage? mais attendrez-vous aussi de sa part le calme de la réflexion, la sage persévérance qui est nécessaire pour conduire une entreprise à sa fin, une humeur douce et pacifique, des sentimens de tendresse et le don de l'insinuation? J'en doute très-fort, et tout au plus vous souffrirez qu'on le fasse passer pour un homme brave et loyal, pour une tête originale et industrieuse.

(1) Cette fin d'alinéa se rapporte à la tête ci-contre n° 88.

Pl. 87.
1. 
2 
B.R

3

Paul Veronése.

Paul Véronèse.

Voici une physionomie tout-à-fait italienne , qui
montre le génie productif , la fécondité et l'ardeur d'un
artiste épris de son art. Elle est tout œil , tout oreille
et tout sens : on y reconnaît l'observateur attentif , qui
sait choisir avec discernement ; chaque partie du visage
l'indique , et le nez en particulier peut servir de signe
distinctif pour la fertilité et la maturité de l'esprit , la
délicatesse du sentiment et du goût.

QUATRE ESQUISSES ET UN PROFIL.

En jugeant les quatre esquisses ci-jointes sur la forme du nez, je dirai que le 1 est au-dessus du commun, plein de candeur et de noblesse.

Le caractère de grandeur du 2 approche du sublime.

Le 3 est inférieur au 1, mais pas absolument destitué de mérite.

Le 4 joint de grands talens à beaucoup de fermeté et de vivacité.

Dans le profil n° 5, la finesse et la sagacité du nez se trouvent en parfaite harmonie avec l'ensemble du visage, qui, sans avoir rien de grand, dénote un homme expérimenté, et dont on peut tirer un bon parti. Choisissez ces sortes de gens pour les mettre à la tête du gouvernement municipal d'une ville ou d'un canton, vous n'en aurez point de regret. Ils aiment l'ordre, ils sont prudens, doux et consciencieux : ils cherchent leur bonheur dans l'amour et l'estime de leurs semblables, et ils ont tout ce qu'il faut pour inspirer ces sentimens.

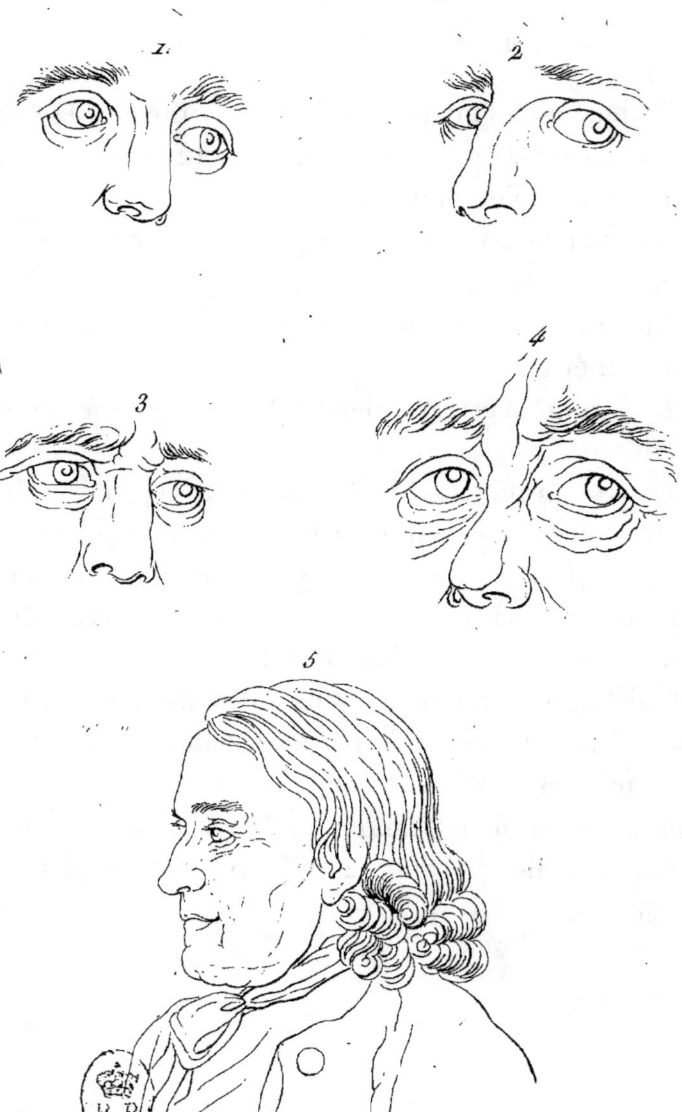

Pl. 91.

PORTRAIT DE VIERGE.

Voici à-peu-près l'idéal d'un nez surhumain, tel qu'il convient à la sainte majesté de la Vierge, qui rassemblait le caractère de toutes les vertus, la pureté, le recueillement, la piété, la patience, l'espérance, l'humilité. Seulement la partie inférieure du contour devrait être plus nuancée; elle est trop unie pour s'accorder avec la courbure élégante du sourcil. On pourrait critiquer aussi la teinte voluptueuse qui résulte du trop d'arrondissement de la bouche, et le menton, dont la forme est très-commune.

VIII.

DES JOUES, DU MENTON ET DES LÈVRES.

§ I. DES JOUES.

A proprement parler, les joues ne sont point des parties du visage ; il faut les envisager comme le fond des autres parties, ou plutôt comme le fond des organes sensitifs et vivifiés du visage : elles font le sentiment de la physionomie.

Des joues charnues indiquent en général l'humidité du tempérament et un appétit sensuel ; maigres et rétrécies, elles annoncent la sécheresse des humeurs et la privation des jouissances ; le chagrin les creuse, la rudesse et la bêtise leur impriment des sillons grossiers ; la sagesse, l'expérience et la finesse d'esprit les entre-coupent de traces légères et doucement ondulées. La différence du caractère physique, moral et intellectuel de l'homme, dépend de l'aplanissement ou du relief des muscles, de leur enfoncement et de leur *plissure*, de leur apparence ou de leur imperceptibilité, de leur ondulation enfin, ou plutôt de celles des petites rides ou fentes qui sont déterminées par la nature spécifique des muscles. Montrez à un physionomiste exercé et heureusement organisé, le simple contour de la section qui s'étend depuis l'aile du nez jusqu'au menton ; montrez-lui ce muscle dans l'état de repos et dans l'état de mouvement ; montrez-le sur-tout dans ce moment où il est agité par les ris ou les pleurs ; par un sentiment de bien-être ou de douleur, par la pitié ou par l'indignation, et ce seul trait fournira un texte d'observations importantes. Ce trait, lorsqu'il est marqué par des contours légers, doucement nuancés et coupés, devient d'une expression infinie ; il rend les plus belles émotions de l'ame, et, bien étudié, il suffira pour vous inspirer la plus profonde vénération et l'affection la plus tendre. Nos peintres le négligent presque toujours, et leurs portraits s'en ressentent très-désavantageusement par un air fade et trivial qu'on y aperçoit.

Certains enfoncemens, plus ou moins triangulaires, qui se remarquent quelquefois dans les joues, sont le signe infaillible de l'envie ou de la jalousie.

Une joue naturellement gracieuse, agitée par un doux tressaillement qui la relève vers les yeux, est le garant d'un cœur sensible, généreux, incapable de la moindre bassesse. Ne vous fiez pas trop à un homme qui ne sourit jamais agréablement : la grace du sourire peut servir de thermomètre pour la bonté du cœur et la noblesse du caractère.

Note. C'est sur-tout par les traits de son visage que l'homme se distingue de tous les animaux. Lui seul a des *joues* ; et comment peindre, comment rendre le charme inexprimable que fait naître le doux incarnat dont elles se colorent quelquefois.

J.-P. M.

§ II. DU MENTON.

UNE longue expérience m'a prouvé qu'un menton avancé annonce toujours quelque chose de positif; au lieu que la signification du menton reculé est toujours négative. Souvent le caractère de l'énergie ou de la faiblesse de l'individu, se manifeste uniquement par le menton.

Une forte incision au milieu du menton semble indiquer sans réplique un homme judicieux, rassis et résolu ; à moins que ce trait ne soit démenti par d'autres traits contradictoires. Nous ne tarderons pas à vérifier cette assertion par des exemples.

Un menton pointu passe ordinairement pour le signe de la ruse : cependant j'ai reconnu cette forme aux personnes les plus honnêtes; chez elles la ruse n'était qu'une bonté raffinée.

Un menton mou, charnu et à double étage, est, la plupart du temps, la marque et l'effet de la sensualité. Les mentons angulaires ne se voient guère qu'à des gens sensés, fermes et bienveillans. Les mentons plats supposent la froideur et la sécheresse du tempérament. Les petits caractérisent la timidité. Les ronds, avec la fossette, peuvent être regardés comme le gage de la bonté.

J'établis trois classes générales pour les différentes formes du menton.

Dans la première, je range les mentons qui reculent; dans la seconde, ceux qui, dans le profil, sont en per-

pendicularité avec la lèvre inférieure ; dans la troisième,
ceux qui débordent la lèvre d'en bas, ou, en d'autres
termes, les mentons pointus. Le menton reculé, qu'on
pourrait appeler hardiment le menton féminin, puisqu'on le retrouve presque à toutes les femmes, me fait
toujours soupçonner quelque côté faible ; les mentons
de la seconde classe m'inspirent la confiance ; ceux de
la troisième accréditent chez moi l'idée d'un esprit actif
et délié, pourvu qu'ils ne fassent pas l'*anse ;* car cette
forme exagérée conduit ordinairement à la pusillanimité et à l'avarice.

Note. On peut ajouter à ces réflexions sur les différences dans
la forme du menton, que le plus ordinairement cette forme exagérée, que Lavater regarde comme la marque de la pusillanimité
et qui lui a fait donner le nom vulgaire de *menton de galoche,*
est l'indice d'un vice rachitique, dont les effets datent des premières années de la vie. Chez les femmes, entre autres, ce caractère est le signe trop infaillible d'un vice de conformation du bas-
sin, qui les expose à des dangers réels lors de leur accouche-
ment, et qui ne reconnaissent point d'autres causes que le défaut de proportion qui se trouve alors entre la tête et l'ouverture, plus ou moins rétrécie, qu'elle doit traverser.

J.-P. M.

IX.

DE LA BOUCHE ET DES LÈVRES.

La bouche est l'interprète et le représentant de l'esprit et du cœur ; elle rassemble, et dans son état de repos, et dans la variété infinie de ses mouvemens, un monde de caractères : elle est éloquente jusque dans son silence.

Cette partie de notre corps est si sacrée pour moi, qu'à peine j'ose en traiter. Quel objet d'admiration ! quel miracle sublime parmi tant de miracles qui composent mon être ! Non-seulement ma bouche respire le souffle de la vie, et s'acquitte des fonctions que j'ai en commun avec la brute, elle sert encore à former le langage ; elle parle, elle parlerait même en ne s'ouvrant jamais.

Lecteur, n'attendez rien de ma part sur le plus actif et le plus expressif de tous nos organes : la tâche est au-dessus de mes forces.

Que cette partie du visage est différente de toutes celles que nous comprenons sous ce nom ! Plus simple et plus compliquée à-la-fois, elle ne saurait être ni détachée, ni fixée. Ah ! si l'homme connaissait et sentait la dignité de sa bouche, il ne proférerait que des paroles divines, et ses paroles sanctifieraient ses actions. Hélas ! pourquoi suis-je réduit à bégayer et à trembler, quand je voudrais énoncer les merveilles de cet organe qui est le siége de la sagesse et de la folie, de la force et de la faiblesse, de

la vertu et du vice, de la rudesse et de la délicatesse
de l'esprit ; le siége de l'amour et de la haine, de la
sincérité et de la fausseté, de l'humilité et de l'orgueil,
de la dissimulation et de la vérité ? Ah ! si j'étais ce que
je dois être, ma bouche ne s'ouvrirait, ô mon Dieu, que
pour chanter tes louanges !

Mystère étonnant, quand seras-tu éclairci ? Volonté
du Tout-Puissant, quand te manifesteras-tu ? J'adore
ici-bas, quoique je n'en sois pas digne ; mais je le serai
un jour, autant que l'homme peut l'être ; car celui qui
m'a créé m'a donné une bouche pour l'adorer.

Pourquoi ne voyons-nous pas ce qui est en nous ?
Pourquoi ne pas jouir de nous-mêmes ? Les observations que je suis à portée de faire sur la bouche de mon
frère, ne seront-elles pas suivies d'un retour sur moi-
même ? Ne me feront-elles pas sentir que ma bouche
découvre aussi mon intérieur ?

Humanité, que tu es dégradée ! Quelle sera mon extase dans la vie éternelle, quand mes yeux contemple-
ront sur la face de Jésus-Christ la bouche de la Divi-
nité ; quand je pousserai ce cri d'allégresse : Et moi
aussi j'ai reçu une bouche comme celui que j'adore ;
et j'ose prononcer le nom de celui qui me l'a donnée !
Vie éternelle, ta seule pensée est le bonheur.

Je conjure nos peintres et tous les artistes qui sont
chargés de figurer l'homme, je les conjure, avec des
instances réitérées, d'étudier le plus précieux de ses organes, dans toutes ses nuances, dans toutes ses proportions et dans toute son harmonie.

Commencez par tirer en plâtre quelques bouches caractéristiques, copiez-les, prenez-les pour modèles, et apprenez par elles à observer les originaux. Etudiez des jours entiers la même bouche, et vous en aurez étudié plusieurs, quelque variées qu'elles puissent être. Cependant, l'avouerai-je? depuis six ans, et parmi une vingtaine d'ouvriers que j'ai fait travailler sous mes yeux, que j'ai enseignés, dirigés, prêchés sans cesse, pas un seul n'est parvenu, je ne dis pas à sentir ce qui pouvait être senti, mais seulement à voir, à saisir et à représenter ce qui était palpable. Quels succès doit-on se promettre après cela?

J'attends pourtant beaucoup des moules de plâtre; ils sont si aisés à faire! et il suffirait d'en rassembler un cabinet. Mais qui sait? peut-être des observations trop exactes, trop positives sur la bouche humaine nous conduiraient trop loin; la marche de nos découvertes physionomiques deviendrait trop rapide; le voile, déchiré tout d'un coup, offrirait un spectacle trop affligeant; la secousse serait trop forte; et, par cette raison peut-être, la Providence nous cache-t-elle ce qui serait clairement exposé à nos regards.

Mon ame est oppressée des réflexions qui résultent de cette triste idée. Vous, qui savez apprécier la dignité de l'homme, vous partagerez volontiers ma peine; et vous, cœurs moins sensibles, mais toujours chers au mien, pardonnez des plaintes qui ne vous toucheront pas.

DISTINGUEZ soigneusement à chaque bouche :

a, les deux lèvres proprement dites, c'est-à-dire, celle de dessus et celle d'en bas, chacune séparément.

b, la ligne qui résulte de leur jonction, lorsqu'elles sont doucement fermées, et lorsqu'elles peuvent l'être sans effort.

c, le centre de la lèvre de dessus.

d, et celui de la lèvre d'en bas ; chacun de ces points en particulier.

e, la base de la ligne du milieu (1).

f, enfin les coins qui terminent cette ligne, et par lesquels elle se dégage de chaque côté.

Sans ces distinctions il est impossible de bien dessiner ou de bien juger la bouche.

On remarque un parfait rapport entre les lèvres et le caractère. Qu'elles soient fermes, qu'elles soient molles et mobiles, le caractère est toujours d'une trempe analogue.

De grosses lèvres bien prononcées et bien proportionnées, qui présentent des deux côtés la ligne du milieu également bien serpentée, et facile à reproduire au dessein, de telles lèvres sont incompatibles avec la bassesse : elles répugnent aussi à la fausseté et à la mé-

(1) Examinez le profil de la bouche dans un appartement obscur, qui ne reçoit qu'une faible lumière par le haut, et vous apercevrez toujours, plus ou moins distinctement, vers l'extrémité de la ligne du milieu, une incision, un petit angle, qui jette une ombre très-caractéristique sur la lèvre inférieure. C'est cet angle et ses alentours que j'appelle *base*. Nos peintres et nos dessinateurs ne consentiront-ils jamais à voir ce qui saute aux yeux? Qu'ils cessent une bonne fois de nous donner des quiproquo, et qu'ils soient fidèles à rendre la nature trait pour trait. Il n'y en a pas un seul d'inutile, pas un seul qui n'ait son but et sa signification.

chanceté ; et tout au plus on pourra leur reprocher quelquefois un peu de penchant à la volupté.

Une bouche resserrée, dont la fente court en ligne droite, et où le bord des lèvres ne paraît pas, est l'indice certain du sang-froid, d'un esprit appliqué, ami de l'ordre, de l'exactitude et de la propreté. Si elle remonte en même temps aux deux extrémités, elle suppose un fonds d'affectation, de prétention et de vanité ; peut-être aussi un peu de malice, le résultat ordinaire de la frivolité.

Des lèvres charnues ont toujours à combattre la sensualité et la paresse. Celles qui sont rognées et fortement prononcées, inclinent à la timidité et à l'avarice.

Lorsqu'elles se ferment doucement et sans effort, et que le dessin en est correct, elles indiquent un caractère réfléchi, ferme et judicieux.

Une lèvre de dessus qui déborde un peu, est la marque distinctive de la bonté ; non que je refuse absolument cette qualité à la lèvre d'en bas qui avance, mais dans ce cas je m'attends plutôt à une froide et sincère bonhomie, qu'au sentiment d'une vive tendresse.

Une lèvre inférieure qui se creuse au milieu, n'appartient qu'aux esprits enjoués. Regardez attentivement un homme gai, dans le moment où il va produire une saillie, le centre de sa lèvre ne manquera jamais de se baisser et de se creuser un peu.

Une bouche bien close (si toutefois elle n'est pas affectée et pointue) annonce le courage ; et, dans les occasions où il s'agit d'en faire preuve, les personnes même qui ont l'habitude de tenir la bouche ouverte, la ferment ordinairement. Une bouche béante est plaintive, une bouche fermée souffre avec patience (1).

Cette partie de la chair qui couvre la rangée supérieure des dents, et qui conduit à la lèvre proprement dite, n'a point de nom que je sache dans l'anatomie : on pourrait l'appeler courtine ou pallium. Les physionomistes l'ont entièrement négligée jusqu'ici ; mais j'y ai fait une attention très-particulière dans la plupart des têtes que j'ai commentées.

Plus cette section est alongée , plus la lèvre proprement dite se rétrécit. Celle-ci est-elle large et arquée , l'intervalle qui la sépare du nez est court et concave : nouvelle preuve de la conformité des traits du visage. La plupart du temps le pallium est uni et perpendiculaire : sa concavité est fort rare , et les caractères qui l'admettent le sont tout autant.

(1) La bouche est la partie qui, de tout le visage , marque le plus particulièrement les mouvemens du cœur. Lorsque l'ame se plaint, la bouche s'abaisse par les côtés ; lorsqu'elle est contente, les coins de la bouche s'élèvent en haut ; lorsqu'elle a de l'aversion, la bouche se pousse en avant et s'élève par le milieu.

LE BRUN.

La bouche 1 (n° 92) promet une sage réserve, de l'aptitude aux affaires et de la fermeté ; on y reconnaît la gravité d'un politique qui pèse les syllabes et qui n'est pas sans prétention.

La 2 rappelle l'enjouement satirique d'un Sterne, et sa subtilité d'esprit : je lui accorderais le don de la parole, et une énergie exempte de violence.

3, courage mâle, un peu rude, si vous voulez, mais ferme et sincère : ajoutez à cela du jugement sans profondeur, et de la bienveillance sans partialité.

4, réserve, effet du mépris ; vivacité, petitesse, prétention d'un homme qui est sûr de frapper des coups sensibles. La lèvre d'en bas ne paraît pas du tout, et celle de dessus se distingue à peine : pas la moindre flexion agréable ; c'est un arc fortement tendu et prêt à décocher un trait mortel, n'importe s'il frappera l'innocent ou le coupable. On ne peut qu'être un méchant homme avec une telle bouche.

Mais n'oublions pas une remarque essentielle, c'est que les vieillards qui, dans leur jeunesse, avaient déjà la mâchoire inférieure avancée, et qui ont perdu les dents de dessus, peuvent contracter quelquefois une bouche qui se rapproche de celle-ci. Cependant, avec un caractère naturellement bon, cette bouche se courbera et se fermera difficilement jusqu'à ce point : il y restera toujours une teinte de douceur et d'agrément qui lui servira de justification aux yeux du physionomiste consommé.

Vous ne vous imaginerez pas sans doute que ce sont là des bouches d'imbécilles. L'air réfléchi et mesuré de

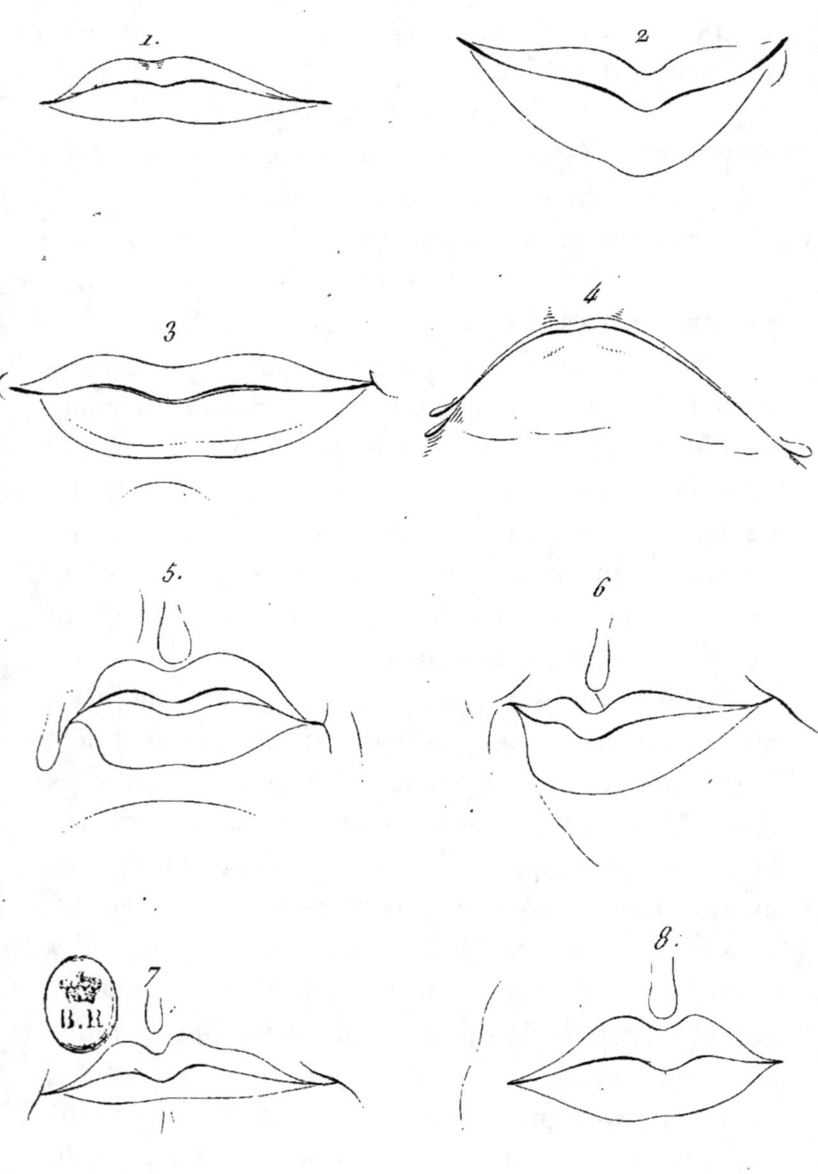

Pl. 92.
1.
2.
3.
4.
5.
6.
7.
8.
B.R

la 5 est fondé sur la raison ; elle est discrète dans ses propos et dans ses jugemens : je n'en attendrai que des paroles de vérité et des oracles de sagesse.

N'allez pas condamner 6 sur cette grosse lèvre avancée, quoiqu'à dire vrai, elle puisse être la cause ou l'effet de quelque faiblesse. Cette bouche n'en est pas moins sensée, elle entend ses intérêts, elle est susceptible d'attention, et ses décisions auront assez de poids pour être adoptées en dernier ressort.

La 7 est pacifique, aimante, persuasive, facile à émouvoir, et d'une bonté enfantine ; malgré cela, elle ne manque pas d'une certaine fermeté, et l'on peut compter sur son exactitude.

La 8 est moins nuancée, moins délicate que la précédente, plus matérielle dans ses jouissances ; mais elle n'a rien d'ignoble, et comporte également un caractère calme, paisible et solide.

La bouche 1 (n° 93) ne dira du mal de personne, la malice est bannie de ses lèvres ; elle réfléchit avant de promettre ; mais elle n'en est que plus fidèle à remplir le moindre de ses engagemens.

2 examine et sonde mûrement : elle met à profit tout ce que l'oreille a entendu ; il n'y aura ni dureté ni aigreur dans ses paroles, son caractère aimant ne respire que la tendresse ; avec plus de jugement que la précédente, elle n'en a pas moins de candeur : la lèvre d'en bas n'est pas aussi délicate que la ligne du milieu le promettait.

Dans la 3, la lèvre de dessus est trop ombrée, dessinée de travers, et d'ailleurs exagérée ; mais, en modifiant même ce trait, vous n'en effacerez point l'expression de la volupté, de la fatuité et de l'orgueil.

4 a beaucoup de rapport avec le n° 1 ; je les crois dessinées l'une et l'autre d'après le même original, mais dans un esprit différent : le nuage qui entoure la lèvre inférieure est une énigme pour moi. Au reste, j'aperçois dans cette bouche-ci plus de calme, de noblesse et de bonhomie qu'il n'y en a dans l'autre copie.

5 languit d'une passion dont elle n'a pas encore désespéré, et qu'elle poursuivra, sans être fort délicate sur la justice des moyens ; les lèvres sont trop incorrectes pour admettre une signification positive ; tout au plus le sens en peut être deviné : celle d'en bas est excessivement grossière.

Dans 6 je démêle la gaieté et la malignité d'un vo-

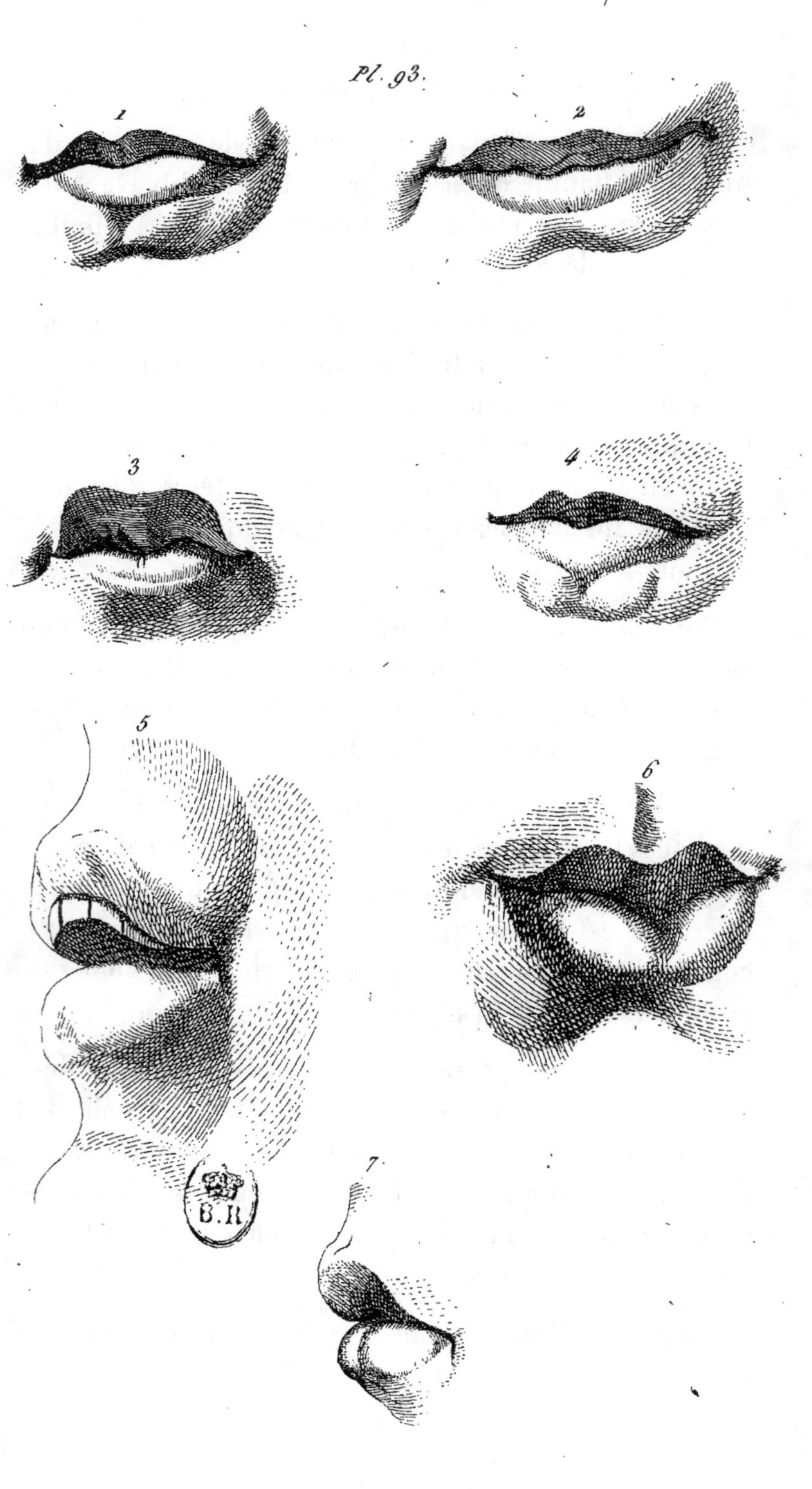

Pl. 93.
1
2
3
4
5
6
7
B.R

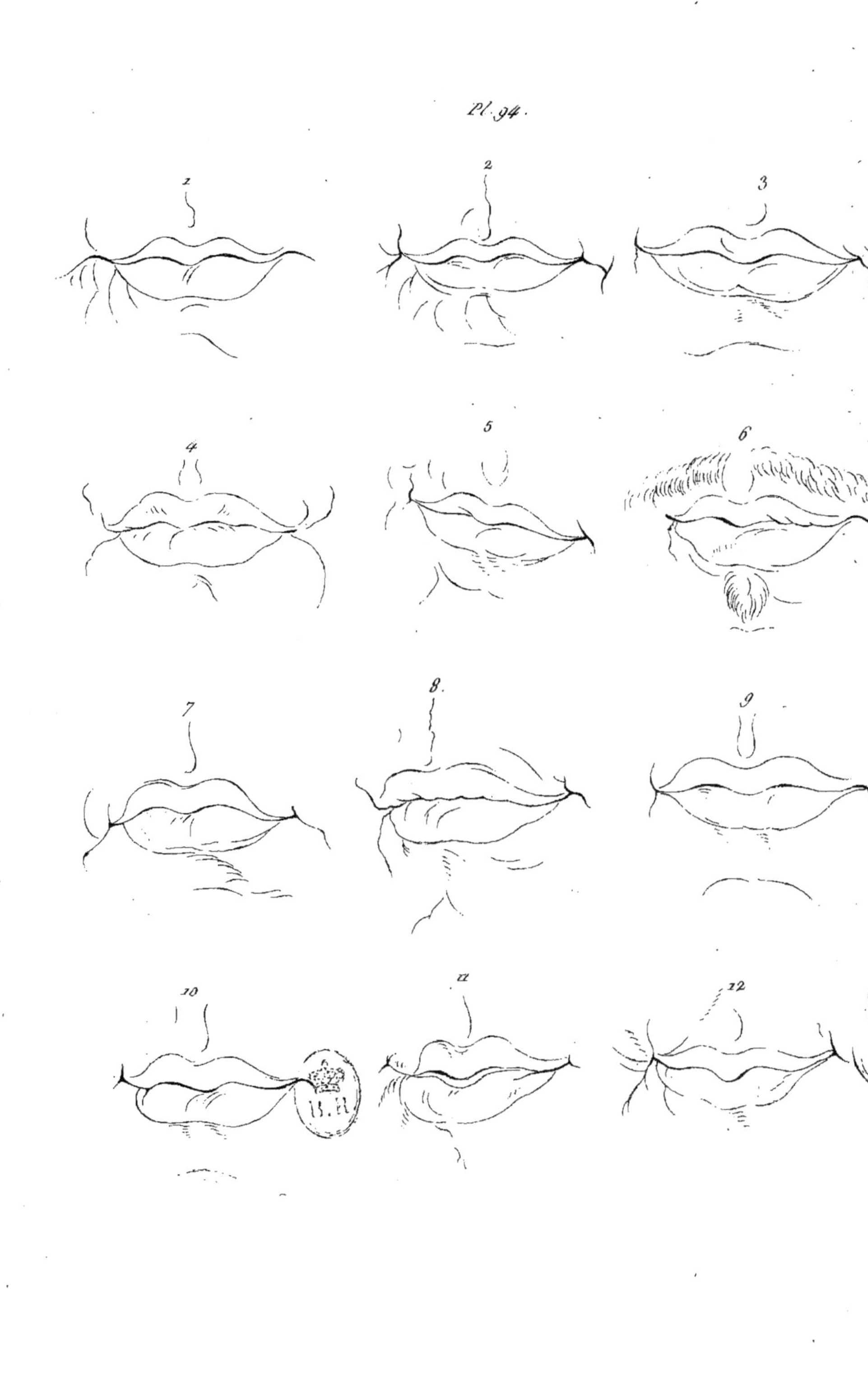
Pl. 94.

luptueux peu délicat, qui aime ses aises, et qui sacrifie tout au plaisir.

Le profil n° 7 vous offre un caractère sincère, honnête et généreux, mais sans urbanité.

Quoique la bouche 1 (planche 94) soit incorrectement dessinée, et quoique je lui suppose un caractère naturellement bon, je prévois pourtant qu'elle mêlera un peu de causticité dans ses saillies.

2 l'emporte sur le précédent, et par le cœur et par l'esprit.

Si la 3 n'a pas le même brillant, elle en est dédommagée par une saine raison et par la solidité de la réflexion.

4, probité incorruptible, discrétion à toute épreuve, sagesse consommée : il est fâcheux qu'à tant de qualités estimables se joigne un fonds d'opiniâtreté qui ne laisse guère de place à la sensibilité.

On voit aisément que la bouche 5 est absorbée dans une attention profonde, qu'elle cherche à s'instruire et à s'éclairer.

6, noblesse qui avoisine la fierté, mépris de toutes les petitesses.

7, du gros bon sens, mais qui se laisse aller à l'indolence, qui dédaigne tout, et qui par conséquent manque de délicatesse.

8, courage héroïque mûrement raisonné, et qui, après avoir formé ses résolutions de sang-froid, n'y change plus rien.

Le 9 a de la bonhomie, du goût, de la sagacité ; il est pressé de jouir.

Avec un esprit plus raffiné et une imagination plus exaltée, le 10 est plongé dans les voluptés.

L'enjouement du 11 est empoisonné par la malignité; et, dans l'occasion, il ne se fera pas un scrupule de recourir à des voies obliques.

Enfin le 12 n'agit que par raisonnement : il tourne et retourne chaque objet en tous sens, et ne se décide qu'après une entière conviction.

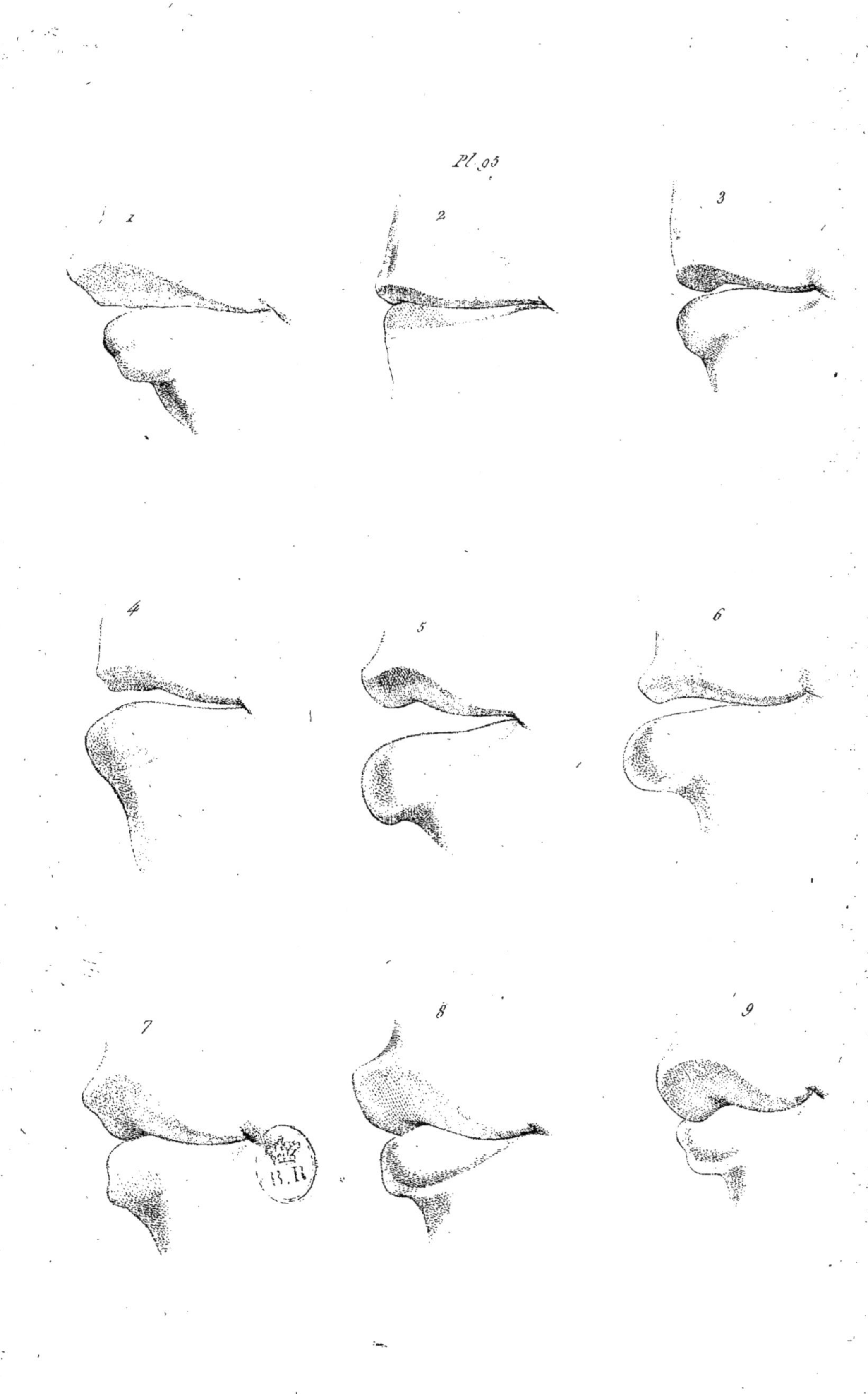
Pl. 93
1
2
3
4
5
6
7
8
9

Si l'on vous demandait à laquelle de ces neuf bouches (nº 95) vous adjugez le prix, vous ne seriez pas embarrassé, je pense, à vous décider ; votre choix ne tomberait certainement pas sur la 6, vous l'excluriez au contraire sans rémission. Vous passeriez également 4 et 5, et toute la rangée d'en bas ; mais dans celle d'en haut, vous vous arrêteriez au nº 2 ; vous lui trouveriez de la douceur, de la délicatesse, de la circonspection, de la bonté et de la modestie : une telle bouche est faite pour aimer et pour être aimée ; le seul défaut que le physionomiste y reprendra, c'est que la lèvre d'en bas est plus épaisse que celle de dessus : disparate qui ne se voit jamais dans des lèvres aussi fines. Je n'ai pas besoin d'insister sur les caractères de rudesse, de stupidité, d'inattention, de faiblesse ou de sensualité, qui défigurent plus ou moins les autres bouches de cette planche. Le nº 7 est celui qui tient encore le plus au génie ; celui qui, avec un fonds de bonté, se fera remarquer par des idées originales et plaisantes. Le 8 n'en est qu'une grossière caricature ; mais je ne lui refuserai ni du bon sens, ni de l'enjouement. Le 9 est plus borné encore, quoique peut-être plus éveillé dans sa sphère étroite. I répugne en tous sens à la nature et à la vérité. La lèvre supérieure du 3 promet des qualités qui sont démenties par la lèvre d'en bas. 4 appartient à la même race dégénérée. 5 est encore d'une classe inférieure. Et 6, à son tour, est au-dessous du 5.

En général, une lèvre d'en bas fort avancée, charnue à l'excès, et d'une coupe rebutante, n'est jamais le

signe de la raison et de la probité ; jamais elle n'admet
cette délicatesse qui est la pierre de touche d'un jugement droit et solide ; mais, d'un autre côté, n'oubliez
pas de porter scrupuleusement en compte ce que l'âge,
les accidens ou la négligence du dessinateur peuvent
avoir ajouté à la difformité de ce trait expressif, et si
facile à déranger.

On peut admettre trois classes principales pour les
différentes formes de la bouche. Dans la première, je
range les bouches dont la lèvre supérieure dérobe celle
d'en bas ; conformation qui est le signe distinctif de la
bonté. Je comprends sous la seconde espèce, les bouches dont les deux lèvres sont également avancées ; de
manière qu'une règle, appliquée sur les deux extrémités,
décrive une perpendiculaire : c'est la classe des gens
honnêtes et sincères. J'en établis une troisième pour
les bouches dont la lèvre inférieure dépasse celle de dessus ; mais la saillie de la lèvre d'en bas varie si prodigieusement, ses contours sont tellement diversifiés et
si difficiles à fixer dans le dessin, qu'une qualification
générale pourrait aisément donner lieu à des erreurs ou
à des abus.

En attendant, je ne crois offenser personne en rap-
portant cette configuration de la bouche aux caractères
tempérés qui offrent un mélange de flegme et de viva-

cité. S'il fallait désigner les trois classes par des noms génériques, j'appellerais la première, *sentimentale ;* la seconde, *loyale ;* la troisième, *irritable.*

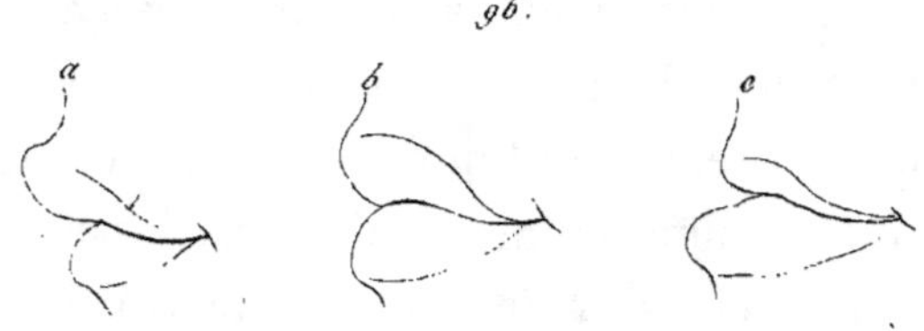

1. Vous voyez d'abord que ce n'est pas là un homme ordinaire. Cet œil dit tout ce qu'il veut, et veut tout ce qu'il dit : un regard aussi vif, aussi passionné et aussi perçant, retient et s'approprie tout ce qu'il saisit hors de lui; mais il ne produira rien de son propre fonds. Le nez est médiocre ; il ne sera ni distingué, ni confondu ; et, s'il faut le réduire à la commune espèce, il n'a du moins rien d'abject. La bouche indique du bon sens, du goût, le don de la parole et des penchans voluptueux. L'angle remontant de la lèvre n'est pas naturel, et rebute par cette raison.

2. Une sensualité énergique, l'habitude des jouissances grossières, une franchise peu éclairée, le plus haut degré possible du tempérament sanguin, mélangé de flegme ; voilà ce qui fait le caractère de cette bouche entr'ouverte. Le regard n'est pas sans finesse, et le nez aussi a de l'expression ; mais la partie distinctive de ce visage n'en sera pas moins la bouche. Si j'invite mes lecteurs à commencer toujours par remarquer et par déterminer, avec l'exactitude la plus scrupuleuse, le trait dominant de chaque physionomie, je les exhorte en même temps à ne pas s'y attacher exclusivement. Il faut embrasser la nature dans toute son étendue ; et il y aurait de l'injustice à vouloir moissonner dans les champs qu'elle a laissés en friche.

Un grand personnage ne devrait jamais être dessiné en petit ; mais lorsque, dans la miniature même il conserve encore le caractère de sa grandeur, lorsqu'on y reconnaît encore des traits inaltérables de son énergie

Pl. 97.
1.
2.

primitive, c'est une raison de plus pour remonter avec
respect à l'original. Il n'y a qu'un homme mûr, solide,
résolu, sûr de son plan et de son fait, qui puisse avoir
fourni l'idée du profil ci-après. Quoiqu'une copie ainsi
réduite doive perdre beaucoup, on retrouve pourtant
dans celle-ci une vérité d'expression dont on ne peut
que tirer le plus heureux augure. Un tel regard, renforcé par un front aussi judicieux, porte des coups dé-
cisifs. Que de sagacité dans la forme du nez! que de
justesse, de certitude, de fermeté et de persévérance
il faut avoir avec une telle bouche! que de hardiesse
avec un tel menton! Tout cela suppose infailliblement
une ame vaillante et élevée.

X.

DES DENTS.

Rien de plus positif, de plus frappant, ni de mieux prouvé que la signification caractéristique des dents, considérées non-seulement suivant leur forme, mais aussi par la manière dont elles se présentent. J'ai fait là-dessus quelques observations, dont je communiquerai le résultat à mes lecteurs.

Les dents petites et courtes, que les anciens physionomistes regardaient comme le signe d'une constitution faible, sont, à mon avis, dans l'adulte, l'attribut d'une force de corps extraordinaire. Je les ai retrouvées aussi à des gens doués d'une grande pénétration ; mais, dans l'un et l'autre cas, elles n'etaient ni bien belles, ni bien blanches.

De longues dents sont un indice certain de faiblesse et de timidité.

Les dents blanches, propres et bien arrangées, qui, au moment où la bouche s'ouvre, paraissent s'avancer sans déborder, et qui ne se montrent pas toujours entièrement à découvert, annoncent décidément, dans l'homme fait, un esprit doux et poli, un cœur bon et honnête.

Ce n'est pas qu'on ne puisse avoir un caractère très-estimable avec des dents gâtées, laides ou inégales ; mais ce dérangement physique provient, la plupart du temps, de maladies ou de quelque mélange d'imperfection morale.

Celui qui n'a pas soin de ses dents, qui ne tâche pas du moins de les entretenir en bon état, annonce déjà, par cette seule négligence, des sentimens ignobles.

La forme des dents, leur position et leur propreté (en tant que cette dernière dépend de nous), indiquent plus qu'on ne pense, nos goûts et nos penchans.

Lorsqu'à la première ouverture des lèvres, les gencives de la rangée supérieure paraissent en plein, je m'attends ordinairement à beaucoup de froideur et de flegme.

Les dents seules pourraient fournir le sujet d'un gros volume ; et cependant nos peintres les négligent, ou, pour mieux dire, les omettent entièrement dans leurs tableaux historiques. Essayez de fixer votre attention sur cette partie, étudiez-la dans l'imbécille, dans l'hypocrite, dans le scélérat, et vous verrez jusqu'à quel point elle est expressive, soit en elle-même, soit dans ses rapports avec les lèvres ; vous verrez qu'intimement liée à la physiognomonie, elle n'en est pas une des branches les moins considérables (1). Je finis ici, crainte

(1) Dentes robustos et spissos habere, est signum longæ vitæ. Hoc confirmat Aristoteles. Valesius reddit causam Aristotelis probabiliorem et dicit crebros dentes indicare longam vitam duobus modis, et ut causam, et ut signum : ut causam, quia multi et firmi dentes faciunt bonam masticationem, masticatio bona meliorem concoctionem, etc. ; ut signum, quia multi et robusti ac firmi dentes, sunt signum robustæ facultatis conformatricis in prima generatione, et consequenter vegeti caloris nativi, et longæ vitæ.

d'être tenté de révéler des secrets dont on pourrait s'offenser ou abuser (1).

(1) Les dentistes instruits, et rendus tels par une grande expérience, se sont fait, par l'habitude et l'observation, une physiognomonie médicale de la bouche, dont quelques-uns exagèrent les avantages, mais qui n'est pas à dédaigner, et dont j'ai souvent tiré des renseignemens précieux sur la constitution de plusieurs de mes malades. *Note de l'un des éditeurs.*

X. I.

DES OREILLES.

J'avoue ingénument que ce sujet est encore assez neuf pour moi, et que je n'entreprendrai point d'en porter un jugement assuré.

En attendant, je suis pleinement convaincu que l'oreille, aussi-bien et peut-être plus que les autres parties du corps humain, a sa signification déterminée, qu'elle n'admet pas le moindre déguisement, qu'elle a ses convenances, et une analogie particulière avec l'individu auquel elle appartient. Toute étude physiognomonique doit être fondée sur des dessins exacts, sur des comparaisons et des rapprochemens souvent répétés. Pour ce qui est de l'oreille, je conseillerais de faire attention, 1° à la totalité de sa forme et de sa grandeur ; 2° à ses contours intérieurs et extérieurs, à ses cavités et à son enfoncement ; 3° à sa position : il faut voir si elle colle contre la tête, ou si elle en est détachée. Examinez cette partie chez un homme courageux et chez un poltron, chez un philosophe et chez un imbécille-né, et vous apercevrez bientôt des différences distinctives qui se rapportent à chaque caractère. Ici, dans la vignette, je ne vois pas une seule forme que je puisse soupçonner

de bêtise : je les crois même toutes au-dessus du médiocre ; et celle qui est au centre suppose très-vraisem-
blablement un esprit sage et lumineux.

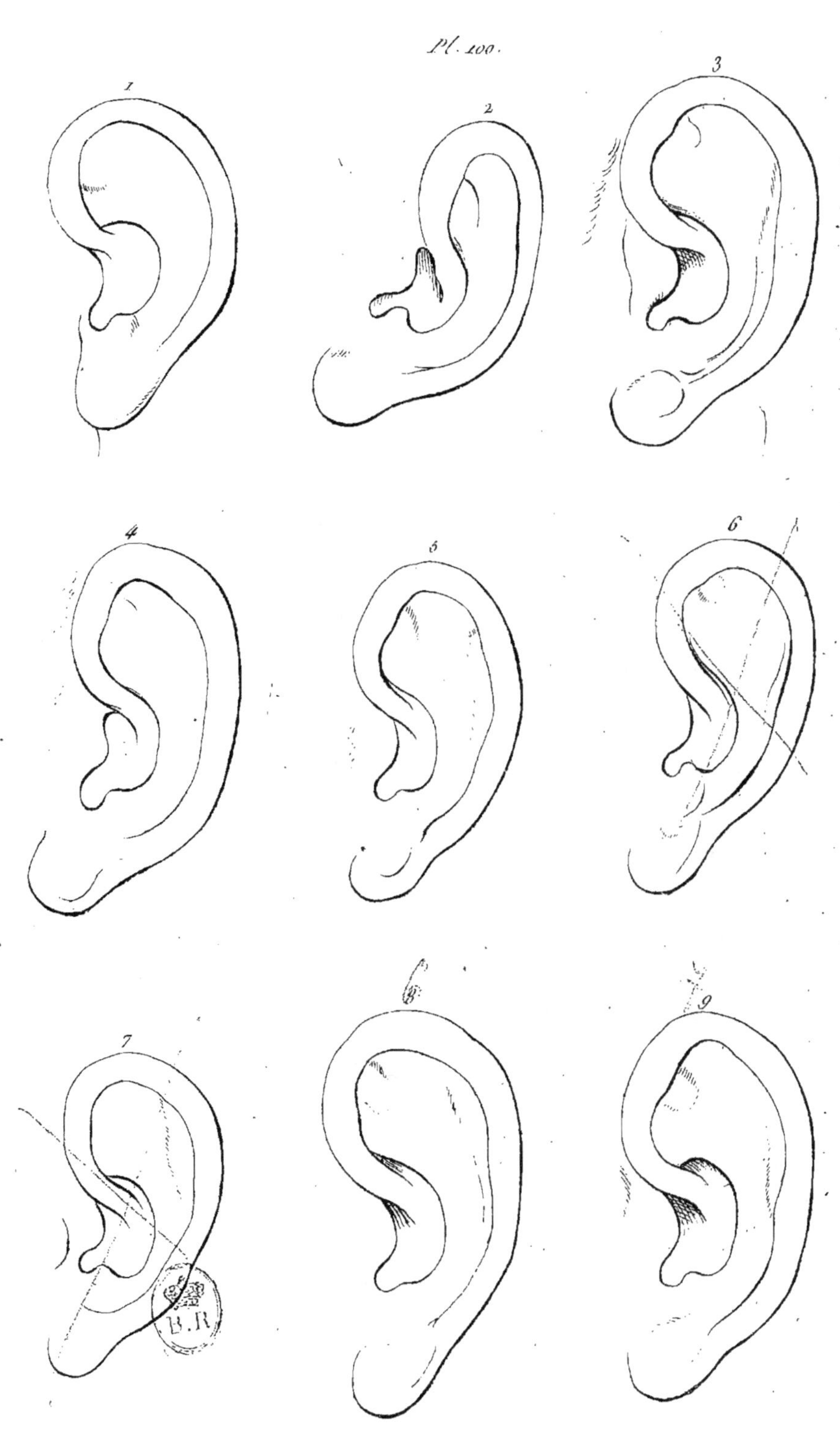

Pl. 100.
1
2
3
4
5
6
7
8
9

NEUF OREILLES.

Puisque je suis encore si peu avancé dans l'étude de l'oreille, il me sera difficile de commenter d'une manière positive et satisfaisante les additions que je fais à ce chapitre. La comparaison des extrêmes me fournira avec le temps des indications plus certaines ; cependant je ne crois rien risquer en assurant que parmi les dessins de la planche ci-jointe (n° 100) il ne s'en trouve pas un seul qui caractérise l'imbécillité.

L'oreille 1 me paraît la plus délicate, la plus faible.

La 2 est plus fine, plus attentive et plus réfléchie.

La 3 l'emporte sur la 1, à l'égard de l'activité et de l'énergie. J'y entrevois un génie productif, riche en talens, et particulièrement doué de celui de l'éloquence.

J'adopte à-peu-près la même définition pour le n° 4, mais avec quelques modifications dont je cherche la raison dans la partie du haut. D'un autre côté, le contour serpenté qui borde l'enfoncement pourrait bien être le signe de la bonhomie.

5 est beaucoup plus faible et plus borné que 2, 3, 4.

6 est encore plus uni et moins nuancé. J'excepte pourtant la pointe qui est au-dessous de l'enfoncement, et qui, en dépit de la médiocrité des facultés, semble indiquer un talent particulier; j'ignore lequel.

Suivant mon texte, l'oreille 7 annonce un homme modeste, humble et doux, peut-être timide et craintif.

La 8, et encore moins la 9, ne sauraient convenir à des esprits ordinaires.

Il serait intéressant de rapprocher une centaine de têtes différentes et connues, et d'abstraire en conséquence le caractère propre et spécifique de leurs oreilles. Dans celles que nous avons ici devant nous, le bout est dégagé ; ce qu'on peut toujours regarder comme un bon augure pour les facultés intellectuelles.

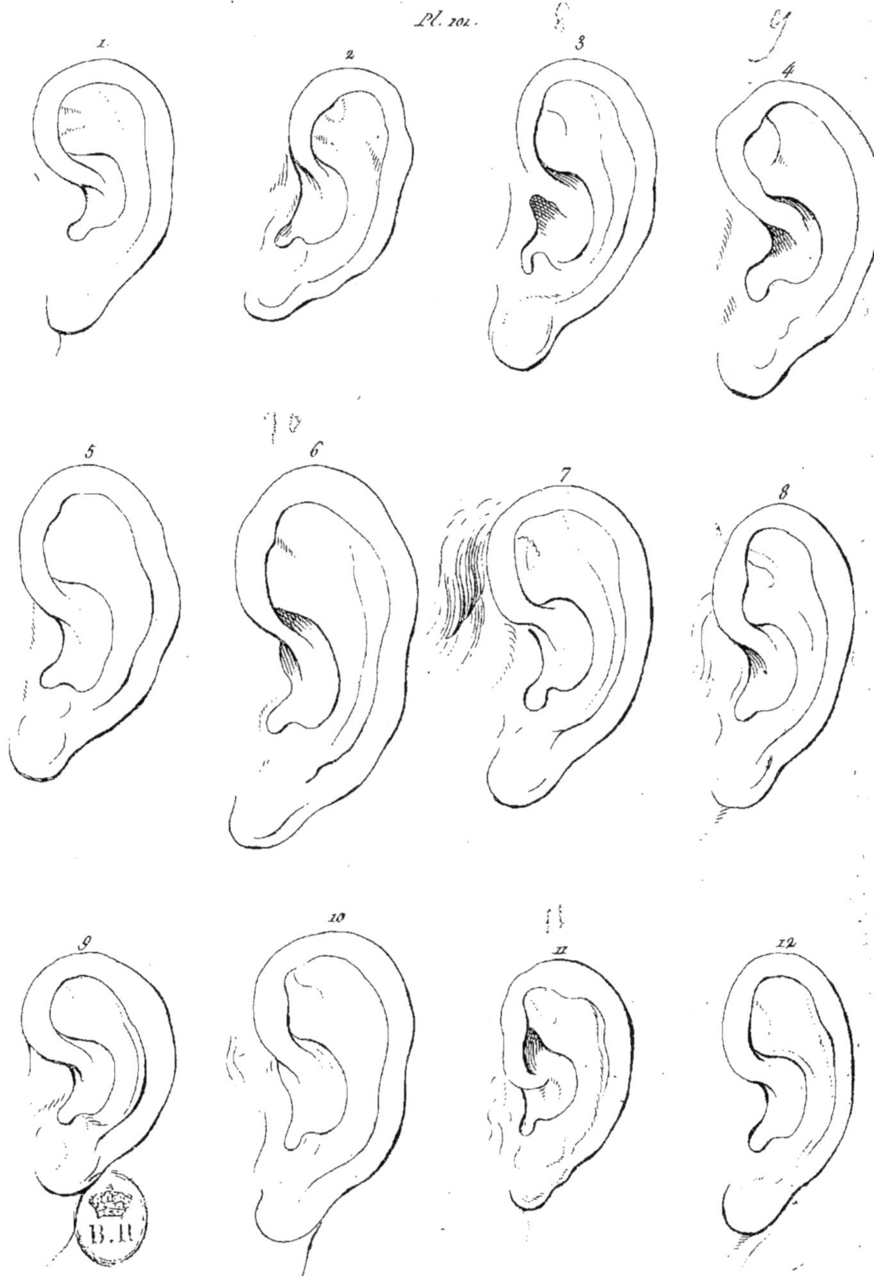

Pl. 101.
1.
2.
3.
4.
5.
6.
7.
8.
9.
10.
11.
12.

DOUZE OREILLES.

CHACUNE de ces formes varie par sa longueur et par ses cavités, par ses contours extérieurs et par l'enfoncement du milieu : chacune ne convient qu'à telle ou telle tête ; chacune porte l'empreinte d'un caractère individuel.

L'oreille 1 (n° 101) est aussi la première en rang pour la douceur, la simplicité, la modestie et la candeur.

La 2 est plus nuancée, plus susceptible de culture.

La 3 est encore plus délicate, plus spirituelle et plus attentive que les deux précédentes.

J'ose soutenir que la 4 ne saurait être celle d'un homme ordinaire ; mais elle est peut-être un peu plus dure que la 3.

La 5 est vraisemblablement la plus originale et la plus éveillée des douze.

6, plus flegmatique que 3, 4, 5, moins sensible que cette dernière, mais beaucoup plus capable que 1.

7, pleine d'esprit et de finesse.

8, l'arrondissement du contour supérieur est très-singulier : je ne sais qu'en dire ; seulement je doute que cette oreille ait le mérite de la précédente.

Je soupçonne la 9 d'un peu de timidité ; d'ailleurs je la crois juste et active.

La 10 me paraît insignifiante, étourdie, éventée et fade ; sa facilité n'est que brouillonnerie.

11, circonspection dénuée de toute espèce de courage.

12 n'admet guère les passions violentes ; j'y démêle la modestie et la douceur, fondées sur la noblesse du sentiment.

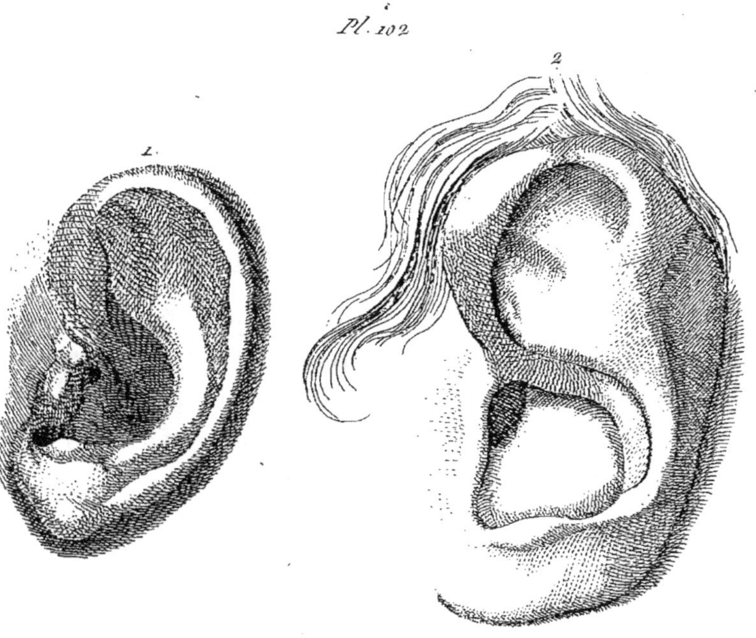
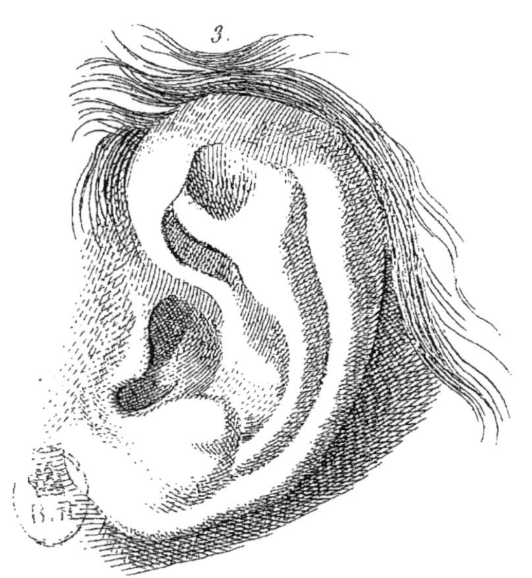

1 (n° 102) semble faite pour un homme capable d'acquérir et de transmettre la science ; pour un pédagogue qui a rassemblé machinalement un grand nombre de connaissances.

2 ne peut se rapporter qu'à une tête excessivement faible. Cette forme large et unie, ce défaut d'arrondissement dans les contours, peuvent subsister à la vérité avec des facultés supérieures, se retrouver surtout fréquemment dans les oreilles musicales ; mais, lorsque l'ensemble est aussi plat, aussi grossier, aussi tendu, il exclut certainement le génie.

3 a trop de précision pour supposer un esprit lourd ; mais, d'un autre côté, elle est trop arrondie et trop massive pour fournir l'indice d'un homme extraordinaire.

XII.

DE LA NUQUE ET DU COU.

CET entre-deux de la tête et de la poitrine, et qui tient par conséquent de l'une et de l'autre, est significatif, comme tout ce qui a rapport à l'homme. Figurez-vous d'un côté un cou long et effilé, de l'autre un cou gros et engoncé, et voyez si chacune de ces formes n'exige pas une tête différente. Que de choses n'exprime pas la flexibilité ou la roideur du cou ! Il y en a qui paraissent construits pour faire baisser la tête, d'autres pour la relever, ceux-ci pour la porter en avant, ceux-là pour la replier en arrière ; et, soit dit en passant, ces distinctions peuvent s'appliquer à la diversité de nos facultés : l'esprit humain prend le dessus, ou il rampe ; il avance, ou recule. Nous connaissons certaines espèces de goîtres qui sont le signe infaillible de la bêtise et de la stupidité, tandis qu'un cou bien proportionné est une recommandation irrécusable pour la solidité du caractère. Enfin la variété des cous s'étend à tout le règne animal, et, dans la plupart des quadrupèdes, elle indique leur état de vigueur ou de faiblesse. Il m'est impossible d'analyser cette vérité par des détails. J'en réserve les plus essentiels pour les additions qui terminent ce fragment, et je prie le lecteur de ne point oublier que je dois me borner à rassembler des matériaux, sans pouvoir m'occuper de la construction de l'édifice même. Je n'ajouterai qu'un seul mot ;

c'est qu'une observation sur la tournure du cou fut le premier germe de mon étude favorite, comme je l'ai dit dans le premier volume, page 161. Si cette partie m'avait paru alors moins frappante et moins significative, il est très-probable que je n'eusse jamais écrit une seule ligne sur la science physiognomonique.

Note. Il est étonnant que Lavater ne se soit pas appliqué davantage à donner une description courte et précise d'une partie quelconque du visage, avant d'en déterminer le caractère physiognomonique. Que de choses n'y aurait-il pas à dire sur les différences du cou, considérées dans l'enfance, l'adulte et la vieillesse ; sur celles qui existent, à cet égard, entre le cou de l'homme et celui de la femme ; de la jeune fille, encore vierge, et de celle qui a cessé de l'être. Le cou carré des personnes portées à la colère, arrondi et légèrement gonflé des voluptueux ; le cou penché des hypocrites, tendu des solliciteurs, etc. Que de nuances, que d'aperçus fins et intéressans, on pourrait tirer de la forme et de la position du cou !

J.-P. M.

XIII.

DE LA CHEVELURE ET DE LA BARBE.

La chevelure, si elle ne peut être mise au rang des
membres du corps humain, en est du moins une partie inhérente. Je rassemblerai ici quelques observations
anciennes et nouvelles, générales et particulières, dont
les unes m'appartiennent en propre, et dont les autres
ne sont qu'empruntées. Les cheveux offrent des indices
multipliés du tempérament de l'homme, de son énergie, de sa façon de sentir, et par conséquent aussi de
ses facultés spirituelles : ils n'admettent pas la moindre
dissimulation ; ils répondent à notre constitution physique, comme les plantes et les fruits répondent au
terroir qui les produit. Vous aurez soin de distinguer la
longueur des cheveux, leur quantité et la manière dont
ils sont plantés ; leur qualité ; s'ils sont ronds, lisses
ou frisés ; leur couleur. Les longs cheveux sont toujours
faibles et la marque d'un caractère féminin, et c'est
vraisemblablement dans ce sens que saint Paul a dit qu'*il
n'est point honorable à l'homme de nourrir sa chevelure*,
I Cor. XI, 14. Est-elle plate en même temps, elle ne
s'associe jamais à un esprit mâle. J'appelle cheveux
vulgaires ceux qui sont courts, plats et mal liés ; ceux
encore qui retombent en petites boucles pointues et
désagréables, sur-tout quand ils sont rudes et d'un
brun foncé. J'appelle chevelures nobles celles qui sont
d'un jaune doré, ou d'un blond tirant sur le brun, qui

reluisent doucement, qui se roulent facilement et agréablement. Des cheveux noirs qui sont plats, naturellement défrisés, épais et gros, dénotent peu d'esprit, mais de l'assiduité et l'amour de l'ordre. Des cheveux noirs et minces, placés sur une tête mi-chauve, dont le front est élevé et bien voûté, m'ont souvent fourni la preuve d'un jugement sain et net, mais qui excluait l'invention et les saillies : au contraire, cette même espèce de cheveux, lorsqu'elle est entièrement plate et lisse, implique une faiblesse décidée des facultés intellectuelles. Dans les pays chauds, les cheveux sont du noir le plus obscur : ils sont d'un noir moins foncé, ou bruns, dans les climats tempérés; et dans les pays froids ils varient entre le jaune, le rouge et le brun. La vieillesse fait grisonner ces différentes couleurs, et l'on a remarqué que les cheveux des ouvriers qui travaillent en cuivre se changent en vert. Les cheveux blonds annoncent généralement un tempérament délicat, sanguino-flegmatique. Les cheveux roux caractérisent, dit-on, un homme souverainement bon ou souverainement méchant. Un contraste frappant entre la couleur de la chevelure et la couleur des sourcils m'inspire de la défiance.

La diversité du pelage et du poil des animaux démontre assez combien celle des cheveux doit être expressive dans l'homme. Comparez la laine de la brebis avec la fourrure du loup, le poil du lièvre avec celui de l'hyène, comparez les plumes de toutes les espèces d'oiseaux, et vous ne sauriez vous refuser à la conviction que ces excroissances sont caractéristiques, qu'elles peuvent aider à différencier les capacités et les inclinations de chaque animal. Ces réflexions vous ramèneront à la grande idée « que c'est la volonté et la sagesse du » Tout-puissant qui a formé le moindre cheveu de la » tête ; qu'il les a tous comptés, et qu'il n'en tombe pas » un seul sans son ordre. »

Ne fût-ce que pour l'amour de ta chevelure, je te salue, Algernon Sidney ! en qui je respecte l'honnête homme, le patriote zélé, quoique peut-être trop emporté, et quelquefois en proie aux faiblesses de l'humanité.

Pl. 103.

SUITE

DE L'ARTICLE PRÉCÉDENT,

PAR LES ÉDITEURS.

L'ARTICLE précédent, que nous croyons devoir continuer dans cette addition, est un de ceux où il importe le plus de joindre aux observations un peu vagues du physionomiste les remarques plus décisives de l'anatomiste, et les vues tirées de l'étude de la médecine et de la physiologie.

Les cheveux, considérés avec cette extension de recherche, et sous un rapport à-la-fois physiognomonique et physiologique, offrent un grand nombre de faits très-curieux. Rien n'est plus piquant dans l'histoire des mœurs de l'homme que l'importance qui a été attachée chez plusieurs peuples, soit à la beauté et à la longueur des cheveux, soit à leur coupe ou à la manière de les disposer, et à toutes les variétés de la coiffure.

Les Egyptiens les coupaient, et les peuples de l'Orient, adoptant encore aujourd'hui cet usage, ont constamment la tête couverte d'un énorme turban, tandis que les peuples des climats beaucoup plus froids ont la tête habituellement nue, et protégée seulement par la chevelure.

Les Maces se rasaient des deux côtés, et avaient seulement sur le milieu de la tête une espèce de *hure* ou bande chevelue, qui donnait à leur aspect quelque chose de bizarre.

Les Mexicains se rasaient tout le côté gauche ; les Brésiliens se rasaient entièrement, et les Iroquois conservent avec soin leurs cheveux ; les jeunes gens de cette nation attachent même une grande importance à leur chevelure ; ils la graissent, la façonnent de diverses manières, avec beaucoup de soin et de prétention.

Chez d'autres nations on coupait les cheveux en signe de deuil ; on les croyait consacrés aux divinités infernales. Dans l'Enéide, Iris est envoyée par Junon à la malheureuse reine de Carthage, pour lui couper le cheveu fatal, consacré à Proserpine. Tous les peuples de l'Orient ont en général la tête couverte et rasée : la tonsure pourrait même tenir à cet usage ; ce que doivent examiner les théologiens qui recherchent les liaisons de la religion chrétienne et de l'*orientalisme*.

D'où viennent ces différences, ces diversités? On le saurait peut-être si l'on avait médité aussi profondément sur l'esprit des mœurs que sur celui des lois ; et il est probable que l'on découvrirait alors quelques rapports entre tous ces usages relatifs à la chevelure, et les opinions, les idées et les préjugés des peuples, sur les qualités annoncées par les différens états des cheveux. Il est certain du moins que chez les anciens Gaulois, la longueur des cheveux était un signe de liberté et de noblesse. César, qui conquit ces peuples, usa de son droit de conquérant en les faisant tondre. Les Francs attachaient autant de prix que les Gaulois à la longueur de la chevelure. Selon Grégoire de Tours, ils se choisirent pour chefs des hommes aux longs cheveux. Pharamond est qualifié de *Rex crinitus*. Faire tondre un prince, c'était le dégrader, lui donner la mort civile, le condamner au cloître et à la nullité. Quelques auteurs ont prétendu qu'il y avait des degrés dans la coupe ; en sorte que la chevelure du monarque devenait l'étalon des conditions. Il serait difficile de ne pas voir, par cet usage, que les peuples chez lesquels on l'observa, attachaient un grand prix et une signification physiognomonique à la beauté et sur-tout à la longueur des cheveux.

Le volume, l'étendue, la forme des perruques, à certaines époques, ne paraissent pas moins tenir à des coutumes et à des idées que le physionomiste doit remarquer. Les plus volumineuses de ces perruques furent inventées sous Louis XIV. Elles donnaient évidemment aux personnages qui les portaient, un air de sagesse et de dignité ; et M. Villers, qui fait cette remarque, a très-bien observé que l'effet merveilleux des grosses perruques était de rendre la tête plus grosse, sur-tout dans les régions du crâne auxquelles le docteur *Gall* rapporte les organes de la circonspection et de la maturité du jugement. On ne doit pas sans doute être étonné qu'une semblable mode de se coiffer soit née à la cour d'un prince qui mettait un si grand prix à ces qualités et à la noblesse des manières. Louis XIV eut évidemment une grande influence sur cette mode ; il portait lui-même de ces perruques, faites alors par le fameux coiffeur Binette, qui, fier de son titre de *Perruquier du roi*, disait avec emphase qu'il aurait volontiers tondu tous les sujets pour parer la tête du maître.

Les hommes qui exercent des professions importantes ont conservé long-temps ces perruques volumineuses, ou des coiffures analogues, qui donnent un faux air de sagesse et de maturité à des personnages souvent aussi jeunes que frivoles. Il faut l'avouer, ajoute l'auteur que nous venons de citer, un médecin ou un membre du parlement, en perruque carrée, était bien un autre personnage qu'une tête tondue : on ne faisait aucune difficulté de supposer un grand sens et une profonde réflexion sous cet énorme volume (1).

Si de l'histoire morale des peuples on passe à l'histoire naturelle et physiologique de l'homme, on trouvera, dans les recherches et les observations dont les cheveux ont été l'objet, des faits qui intéressent plus directement le physionomiste. On conçoit à peine les variétés de nuance, de volume et de qualité de ces parties. Les coiffeurs, qui sont intéressés à remarquer ces différences, achètent les cheveux depuis 4 francs jusqu'à 5o écus. On sent aisément combien il doit y avoir de qualités intermédiaires, et que ces qualités tiennent nécessairement à des diversités dépendantes de la constitution individuelle, ou des effets du tempérament, de l'âge, du sexe, du climat, et de toutes les causes permanentes ou éventuelles, de modification dans l'économie animale.

Les trois grands types, relativement à la couleur,

____

(1) Lettre à M. Cuvier sur le système de *Gall*.

sont le blond , le noir et le rouge de feu. Le blond et toutes ses nuances se rencontrent plus ordinairement avec les tempéramens *sanguin artériel* et lymphatique. Le noir et ses modifications ont plus d'analogie , surtout dans la nuance la plus foncée , avec les tempéramens nerveux , bilieux, mélancolique et musculaire. Le rouge paraît former l'un des principaux signes d'un mode particulier de constitution , d'où dépend en général un caractère physique et moral assez défavorable, et dont les principaux attributs sont l'odeur forte de la transpiration , et des passions ordinairement plus véhémentes que généreuses.

Le diamètre des cheveux a des rapports avec leur couleur. Voici ce que dit Haller à ce sujet, dans sa grande Physiologie , d'après les expériences minutieusement exactes de Wit–Hop : « Le volume des cheveux varie depuis $\frac{1}{700}$ de pouce jusqu'à $\frac{1}{300}$. Dans l'étendue d'un pouce on compte 572 cheveux noirs , 608 blonds dorés , et 790 cheveux blonds pâles. »

La mollesse et la rigidité des cheveux , leur sécheresse ou leur aridité , leurs différens degrés d'aptitude pour la frisure , sont autant de dispositions très-significatives que le physionomiste observe lorsqu'il étend ses recherches à l'état physique et à l'état moral de l'organisation. Les poils mous et flexibles, dit Aristote , sont le signe d'un naturel timide ; et les poils durs annoncent la force et le courage. Cette indication est offerte dans tous les animaux. Le cerf , le lièvre , la brebis , qui sont d'une nature craintive, ont une grande souplesse de *pelage ,* tandis que le lion , le sanglier , si forts , si courageux, ont des poils fermes et hérissés. On fait la même remarque sur les oiseaux : la douceur du plumage ou sa dureté sont des indices assez sûrs de la faiblesse et de la force de l'animal chez lequel on les observe.

Ces vues générales s'appliquent également à l'espèce humaine : les races sauvages et guerrières du nord ont les cheveux durs et grossiers ; les nations efféminées et timides du midi ont au contraire une chevelure ondoyante, douce et frisée.

« On a remarqué en outre , ajoute Aristote , que les hommes qui ont le ventre très-velu, sont ordinairement de grands parleurs (1). »

L'état de la chevelure offre une correspondance bien plus marquée et plus positive avec le mode de constitution propre aux différentes variétés de l'espèce humaine. Dans toutes les branches de la belle race, que l'on appelle race blanche ou race caucasienne, les cheveux sont longs, doux, d'un brun de noix, qui d'un côté passe au blond, et de l'autre au noir foncé. Les nombreuses tribus de la race mongolique ont au contraire les cheveux durs, noirs, et presque de la nature du crin. On remarque cette disposition de la chevelure dans les races américaines. Toutes les variétés *malaises* ont aussi les cheveux très-noirs, mais plus épais et bouclés. Enfin , dans la race nègre, la chevelure devient une espèce de laine, et forme un des principaux caractères de cette race.

(1) Ἡ δὲ δασύτης ἢ περὶ τὴν κοιλίαν λαλιὰν σημαινεῖ· τουτὸ δὲ αναφερέται εἰς τὸ γένος τῶν ὀρνίθων. ARISTOT. OPER. OMNIA. éd. de Duval., vol. 1, p. 1171.

L'espèce humaine, prise par divisions moins étendues, offrirait également, sous le rapport de la chevelure, plusieurs différences nationales, si on faisait à ce
sujet une suite d'observations assez nombreuses. Les
marchands de cheveux désignent même par le nom des
provinces d'où ils les tirent, plusieurs qualités de cheveux qui sont les plus recherchées ; et, malgré la foule
des causes qui tendent à effacer les caractères natio-
naux, on reconnaît encore les Suédois, les Norvégiens,
les Anglais, les Normands, à la finesse et au blond cen-
dré de leur belle chevelure. Dans les parties de la Normandie un peu éloignées des grandes villes, il serait
même aussi difficile de trouver des femmes brunes, que
de rencontrer des blondes sous le ciel de la Provence
et de l'Italie.

Plusieurs espèces d'animaux, dont, par les spéculations commerciales, on a été porté à étudier la physionomie avec le plus grand soin, offrent, dans la nature des poils, des indications beaucoup plus nombreuses que celles qui ont été tirées des cheveux dans
l'homme.

En effet, quoique l'on ait remarqué qu'il y a d'ex-
cellens chevaux de tous poils, on reconnaît plusieurs
nuances, plusieurs teintes dont le préjugé a peut-être
exagéré la signification, mais qui méritent cependant
d'être observées. Ainsi, les chevaux du nord ont en général le poil beaucoup plus dur que les chevaux du
midi ; les chevaux isabelles ont beaucoup moins de
force que les autres races. Il semble que la nature ait
fait cette variété pour l'ornement, et que tout s'y trouve

réuni pour la beauté, et rien pour la vigueur, qui est au contraire l'attribut principal des chevaux noirs. On a remarqué, d'une manière bien positive, cette différence dáns deux compagnies de gardes-du-corps, dont l'une avait des chevaux isabelles, et l'autre des chevaux noirs : la première était toujours remontée plus souvent que l'autre, trois fois contre deux.

Il y avait autrefois en Normandie une race que l'on appelait *jambe de fer*, et dans laquelle la teinte de noir foncé se trouvait associée à une grande vigueur, et en était le signe. La teinte alezan-brûlé, qui est aussi une teinte prononcée, annonce beaucoup d'énergie, et l'on dit des chevaux alezan-brûlé : *Plutôt morts que lassés.*

Les chevaux de teinte plus faible, et avec des espèces de panachures, ont, toutes choses égales d'ailleurs, moins de valéur; ils sont plus faibles, plus délicats, et leur état semble avoir quelque chose d'analogue avec l'étiolement ou la panachure des plantes, qui sont, comme on sait, des états de maladie, ou du moins d'altération. Ce que l'on appelle le poil lavé, qui consiste dans une couleur plus claire aux flancs, indique ordinairement un estomac faible, l'habitude des mauvaises digestions, et ces goûts bizarres que l'on a eu occasion de remarquer dans des dispositions semblables de l'homme.

L'état du poil fournit beaucoup d'autres indications physionomiques aux maquignons, soit dans l'état sain, soit dans les maladies. Le poil qui devient dur, sec au toucher, et se hérisse d'une manière alarmante est un des symptômes les plus frappans dans la peste des animaux. Il n'a point échappé à Virgile :

. . . . Aret
Pellis et ad tactum tractanti dura resistit (1).
GÉORG., liv. III.

Dans les maladies et les infirmités qui assiégent l'espèce humaine, l'état des cheveux fait également symptôme dans plusieurs circonstances, et doit être pris en grande considération dans la physiognomonie de l'homme malade. Nous croyons devoir rapporter ici à ce sujet un passage très-remarquable qui se trouve dans la notice sur la maladie et la mort de Mirabeau, par M. Cabanis (2).

« L'état physiologique de Mirabeau présentait un phénomène remarquable : ses cheveux, naturellement bouclés, se prêtaient à merveille à la frisure, lorsqu'il était bien portant ; dans l'état de maladie, et même dans des incommodités légères, leurs ondulations s'effaçaient en quelque sorte ; et, de leur racine à leur pointe, ils devenaient d'une mollesse sensible à la main. Ainsi, quand je m'informais de sa santé, mes premières questions à son valet de chambre roulaient sur ce phénomène ; et ce n'étaient pas celles auxquelles j'attachais le moins d'importance. »

(1)   Sa peau rude se sèche et résiste à la main.
DELILLE.

(2) Voyez cette notice, réunie à plusieurs autres articles de médecine philosophique, sous le titre : *Du degré de certitude de la médecine*, pag. 254.

La pratique de la médecine offre souvent des faits semblables, lorsque l'on sait embrasser, dans l'observation de l'homme malade, les détails les moins importans en apparence, et en saisir les rapports avec l'ensemble de l'organisation.

Les cheveux ne sont pas, comme on serait tenté de le croire, une espèce de végétation, une production parasite attachée à l'homme et vivant de sa substance ; c'est une portion de l'homme même, des organes qui naissent, croissent, sentent même dans quelques circonstances (1), et qui, dans tous les cas, prennent part aux grands changemens physiques ou moraux de l'homme. Les rapports des cheveux et de la sensibilité vivement excitée par les passions ou les maladies malignes et nerveuses, sont sur-tout prouvés par un grand nombre d'exemples qui joignent à l'importance des vérités physiologiques l'intérêt des anecdotes les plus curieuses.

Les grandes émotions, les passions vives et tumultueuses, tous les organes de l'ame et du cœur ont des effets dont l'intensité s'est souvent manifestée par la chute ou la blancheur des cheveux. Les maladies malignes et nerveuses dans lesquelles la sensibilité est si profondément troublée, sont celles qui déterminent le plus souvent la chute ou une altération quelconque de la chevelure. La frayeur, une terreur subite, des chagrins violens, paraissent agir de la même manière ; et on a vu les cheveux blanchir tout-à-coup dans les

____

(1) Dans la maladie appelée *plica polonica*.

angoisses de la crainte, ou par l'influence de la douleur et du désespoir.

Nous avons connu un vieillard dont la physionomie mélancolique et les cheveux blancs inspiraient à-la-fois l'attendrissement que réclament le malheur et le respect que l'on doit à la vieillesse. « Ma chevelure, disait-il souvent, fut dans l'état où vous la voyez aujourd'hui, long-temps avant ma dernière saison. Plus actifs, plus puissans dans leurs effets, que les travaux et les années, la douleur et le désespoir que me causa la perte d'une épouse adorée, blanchirent mes cheveux dans une nuit ; et alors je n'avais pas trente ans : jugez de la force de mes chagrins ! j'en conserve encore l'affreux souvenir. »

L'état des cheveux, l'activité de ces organes, leur coupe plus ou moins fréquente, influent à leur tour sur les différentes affections organiques, et peuvent quelquefois contribuer à la guérison des maladies, ou devenir une cause de symptômes funestes.

Un ami de Valsalva guérit un maniaque en lui rasant la tête. Lorsque les cheveux commencèrent à pousser, il se fit par leur extrémité une excrétion d'une odeur très-forte.

Lemery fils a connu un homme à qui un purgatif trop violent fit tomber subitement des cheveux très-noirs, qui furent remplacés, dans la suite, par des cheveux très-blonds. Dans d'autres cas on a vu également des cheveux bruns devenir blonds tout-à-coup, et former un important symptôme. On cite dans l'Encyclopédie, au mot *Poil*, un capucin qui ne fut guéri d'une maladie

longue et cruelle , que par le sacrifice de sa barbe ; et
Grimaud rapporte que plusieurs migraines opiniâtres
ont cessé par la seule précaution de rendre la pousse
des cheveux plus active en les coupant à des époques
plus rapprochées. Nous avons publié dans le Journal de
Médecine une observation beaucoup plus étonnante ,
sur une manie guérie par la coupe des cheveux.

Madame ***, qui est le sujet de cette observation , eut
avant son mariage , à l'âge de douze ans , une fièvre
lente nerveuse , qui se termina , au trentième jour de la
maladie , sans aucune apparence de crise. Les premiers
jours de la convalescence s'annoncèrent par une très-
grande mobilité du système nerveux , à laquelle succéda
bientôt un délire qui prit insensiblement tous les caractères de la folie ; la raison disparut complétement ,
et la malade restait plongée dans un accablement profond , duquel elle ne sortait que pour demander , avec
l'expression du désir le plus vif, qu'on lui coupât la
tête , siége de son mal et de ses douleurs. Cet état fut le
même pendant six semaines. Toujours , et sur tous les
points , une déraison absolue et le même désir de la malade de se débarrasser de sa tête , sans qu'il parût entrer dans ce souhait ni dégoût, ni impatience de la vie.

Jusqu'alors la malade , dont les cheveux épais et longs
pouvaient servir de vêtement, n'avait pu être peignée.
Le désordre où se trouvaient ses cheveux engagea à les
couper ; et cette coupe, à l'effet salutaire de laquelle on
était loin de penser, devint un moyen assuré de guérison. A peine la tête était-elle entièrement rasée , qu'un
mieux être bien sensible fut éprouvé. Vous me coupez

la tête, disait la jeune malade pendant l'opération ; ah ! je vais être sauvée !

Cette exclamation, qui paraissait un redoublement de folie, annonçait ce qui arriva réellement. Madame ***, presque aussitôt après avoir été débarrassée de ses longs cheveux, revint à la raison, que depuis elle a conservée sans éprouver aucun accident.

On a vu, dans d'autres cas, la coupe des cheveux donner lieu aux accidens les plus graves, et même à une mort soudaine dans les premiers jours de la convalescence. M. La Noix, docteur en médecine, a fait connaître plusieurs faits de ce genre, dans un mémoire aussi intéressant que curieux, sur le danger de couper les cheveux pendant la durée ou à la fin de quelques maladies aiguës. Il conclut avec raison, des faits qu'il décrit avec beaucoup de soin, que, dans le cas où il n'y aurait pas d'ulcération au cuir chevelu, comme dans les exemples qu'il cite, il y aurait encore des accidens à craindre de la coupe trop prompte des cheveux dans les convalescences. Il ajoute que l'on saura peut-être, par des observations ultérieures, que des érysipèles et différens maux d'yeux, à la suite des maladies, ne reconnaissent d'autres causes que cette tonte prématurée (1).

Les considérations générales et les faits plus ou moins curieux que nous avons rapprochés et réunis dans ce supplément, suffiront sans doute pour démontrer que

(1) Voyez Recueil périodique de la Société de médecine, vol. 11, page 106.

les différentes qualités et les variations des cheveux sont toujours liées à des changemens plus remarquables de l'économie vivante, et que ces organes remplissent des fonctions assez importantes pour que leur état extérieur soit pris en considération par le physionomiste.

École de médecine de Paris, 20 mai 1806.

FIN DU TOME SECOND.

TABLE DES MATIÈRES,

PLANCHES ET VIGNETTES,

CONTENUES DANS CE SECOND VOLUME,

AVEC LEUR EXPLICATION.

Nota. Tous les articles non désignés comme étant des Éditeurs, sont de LAVATER.

Tous ceux signés des lettres initiales (J. P. M.), sont de M. le docteur MAYGRIER.

PRINCIPES DE PHYSIOGNOMONIE.

PREMIÈRE PARTIE.

De l'expression particulière et de la physionomie du crâne ; de l'ensemble de la tête, du front, des yeux et des autres parties du visage ; des mains et des pieds ; de l'attitude et des gestes, de l'écriture, de la voix et de la manière de parler.

IDÉE GÉNÉRALE DU SYSTÈME DU DOCTEUR GALL,
PAR LES ÉDITEURS.

(*) Les yeux de cette planche doivent porter les n°˙ 5, 6, 7 et 8, au lieu de 1, 2, 3 et 4.

FIN DE LA TABLE.